엄마와 아이의 요리 시간

365일 밥과 간식을 책임져 줄

엄마와 아이의 요리 시간

2015년 7월 22일 1판 1쇄 발행
2015년 10월 12일 1판 2쇄 발행

지은이 | 김지현(사과향)
펴낸이 | 최한숙
펴낸곳 | BM 성안북스
주소 | 121-838 서울시 마포구 양화로 127 첨단빌딩 5층(출판기획 R&D 센터)
413-120 경기도 파주시 문발로 112(제작 및 물류)
전화 | 02) 3142-0036
031) 950-6386
팩스 | 031) 950-6388
등록 | 1978.9.18 제406-1978-000001호
출판사 홈페이지 | **www.cyber.co.kr**
이메일 문의 | **sunganbooks@naver.com**
ISBN | 978-89-7067-295-3 (13590)
정가 | **14,800원**

이 책을 만든 사람들
책임 | 전희경
편집 · 진행 | 강지예
교정 · 교열 | 편집부
요리 스타일링 사진 | 김지현
본문 디자인 | 이오 디자인
표지 디자인 | 이오 디자인
홍보 | 전지혜
마케팅 | 구본철, 차정욱, 나진호, 이동후, 강호묵
제작 | 김유석

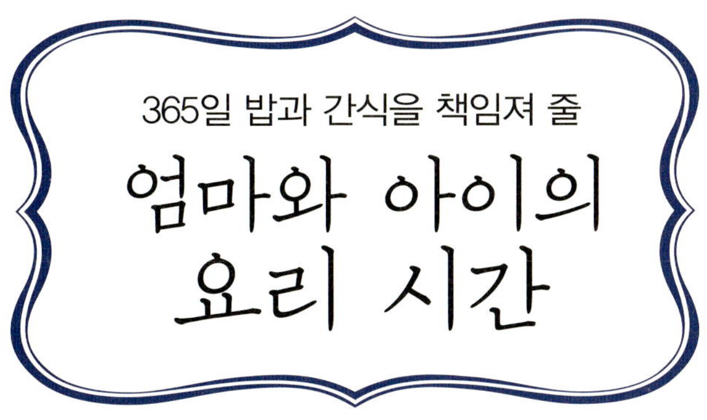

365일 밥과 간식을 책임져 줄

엄마와 아이의 요리 시간

김지현(사과향) 지음

BM 성안북스

아이들과 함께 만들어 더 즐거운 요리 시간

결혼을 하고 아이들을 키우면서 매일 밥상을 차리는 일상에서, 요리하는 것을 본격적인 업(業)으로 삼다 보니 우리 집 아이들은 앞치마를 두르고 늘 무엇인가를 요리하는 엄마의 모습에 익숙하고, 엄마는 늘 뭘 그렇게 재미있는 소리를 내며 요리를 하는지 호기심을 자극했던 것 같습니다. 그래서인지 엄마가 채소를 썰면 작은 의자를 끌고 와서 올려다 보며 해보고 싶다는 작은 아이, 간식으로 줄 쿠키를 만들다 보면 큰 아이는 어느새 옆에 다가와서 함께 만들고 있었습니다. 어느 순간부터 자연스럽게 아이들이 함께 한 것 같아요. 엄마 혼자 만들기 보다 시간적으로 여유가 있을 때는 아이들을 참여시켜 함께 이야기 나누면서 요리를 본격적으로 시작했습니다. 처음엔 서툴렀지만 엄마가 기다려주니 아이들에게는 '나도 할 수 있다'는 자신감을 키워 준 재미있는 '놀이'가 되었던 것입니다. 요즘에는 요리가 아이들의 창의성을 키우고 정서 안정에 도움이 된다는 이유로 키즈 쿠킹 클래스와 요리를 할 수 있는 키즈 카페가 생기고 있습니다. 저도 아이들과 함께 그런 곳을 찾아가서 요리를 할 수 있도록 해 준 적도 있었지만 그런 곳에서는 한정된 시간과 제약으로 인해 정해진 틀에 맞추어 선생님의 지시대로 시간 안에 요리를 해야만 하더군요. 이렇게도 해보고 저렇게도 해보고 싶은 아이들에게 자유로운 시간은 주어지지 않고 정해진 시간 내에 결과물을 얻어내야 하기 때문에 충분히 즐기고 놀 시간이 없어서 아쉬울 때가 많았지요.

엄마는 '귀찮음'과 '걱정하는 마음'을 내려 놓기만 하면 됩니다

집에서 요리를 하게 되면 아이들에게 충분한 시간을 두고 놀면서 탐색하고 즐기게 할 수 있습니다. 더불어 자연스럽게 아이들과 수다를 떨면서 이런저런 즐거운 시간을 가질 수 있어요. 처음에는 아이들이 어지럽힐까, 행여 다치지 않을까 하는 걱정도 있었지만, 그런 마음은 잠시 접어두면 아이들은 엄마의 걱정과는 달리 잘 해낸답니다. 저 역시 내가 귀찮고 번거로워 진작 그런 시간들을 갖지 못했던 것을 후회했을 정도로 아이들은 생각보다 차분했고, 어지럽히지 않으면서 요리를 해냈답니다. 고사리 같은 작은 손으로 행여 칼질을 하다 다치면 어쩌나 걱정했지만 조금만 주의를 주면 스스로 집중해서 손이 다치지 않도록 조심해서 썰고, 볶을 때에는 불에 데지 않게 조심하는 모습도 보였답니다. 밀가루로 빵이나 과자를 만들 때에는 밀가루 반죽을 하는 것뿐 인데도 너무나도 즐겁게 웃으며 노는 모습이 정말 행복해 보였지요. 그런 모습을 보는 저 역시 행복했답니다.

아이들에게 요리는 생각주머니를 키우는 활동

아이들에게 요리는 단순한 즐거움을 주는 것뿐만 아니라 아이들 스스로 요리 과정을 이해하고 만들면서 생각주머니를 키워나가는 활동입니다. 또한 요리 과정을 통해 생활 속에서 수학과 과학의 원리를 자연스럽게 이해하고, 오감을 자극하여 창의적인 두뇌 활동과 올바른 식습관을 형성할 수 있도록 도와줍니다.

특히 채소를 싫어하는 아이, 고기를 싫어하는 아이 등 편식이 있었던 우리 집 아이들은 요리를 하며 자신이 싫어하는 식재료를 다듬고 자르고 볶으면서 식재료에 대한 거부감을 줄이고 좀 더 친숙하게 다가갈 수 있는 좋은 기회이기도 했답니다.

큰 아이와 줄었던 대화가 늘어나는 계기가 된 요리 시간

이번 책을 만들면서 다른 때 보다도 많은 시간을 엄마와 요리하며 보냈던 아이들은 한층 성장해 있었답니다. 엄마 역시 아이들과 대화하며 정서적 교감을 나눌 수 있었던 즐거운 시간이었지요.
특히, 큰 아이는 초등학교 고학년으로 커가면서 점점 학교에서 있었던 일들, 친구들과의 관계 등을 엄마에게 이야기 하던 시간이 줄었었는데 함께 요리를 하면서부터 다시 여러 가지 이야기들을 하고 눈에 띄게 대화가 늘어났던 건 가장 큰 수확이었습니다. 또한 조용하고 소심한 성격의 큰아이가 요리에 대해 자신감을 가지고 자신의 꿈을 요리사로 정했다면서 학교나 학원에서도 자신이 요리를 잘 하고, 앞으로 요리사가 될 거라는 말을 자주 하면서 "예전 보다 자신감 있는 모습을 보이며 생활 한다"는 선생님의 말씀도 듣게 되어 기뻤답니다.

더 기다려줄 줄 아는 엄마와 성취감이 컸던 요리 시간

소중한 아이들에게 좋은 식재료로 맛있는 음식을 만들어 주고 싶은 것은 엄마의 마음이지요. 또한, 아이와 함께 요리하는 시간은 아이들의 능력은 엄마가 생각하는 것보다 더 크고 훌륭하다는 것을 알게 해주었습니다. 무엇보다 더 기다려줄 줄 아는 엄마가 된 것 같아 엄마도 한층 성장할 수 있었던 좋은 시간이었습니다. 아이들 역시 웃고 떠들고 장난도 치면서 때론 신중하면서 즐겁게 만들고 함께 먹었던 요리 시간은 성취감과 함께 무엇과도 바꿀 수 없는 소중하고 행복한 경험을 선사했습니다.

앉아만 있어도 땀이 뚝뚝 떨어지던 여름 날, 더운 불 앞에서 요리하면서 발갛게 달아오른 얼굴로 땀을 뻘뻘 흘리면서도 요리 시간을 기다리던 우리 아이들의 모습이 생각나 웃음이 납니다. 엄마에게 늘 큰 힘이 되어 준 우리 연희와 건희. 즐겁기도 했지만 조금은 고생스러웠을 텐데 잘 해주어서 엄마가 너무 고맙고 사랑한다는 말을 전하고 싶습니다. 책을 만드는 동안 물심양면으로 도움 준 우리 가족과 특히, 남편이 있어서 정말 힘이 되고 든든했습니다. 책이 나올 수 있도록 도와주신 출판사 관계자 분들께도 감사의 말씀을 전합니다.

마지막으로 이 책에 소개 한 요리들로 아이들과 엄마 모두 즐거운 요리 시간을 가질 수 있기를 기대해봅니다. 감사합니다.

PART 1

간식의 대표급!
피자 한판과 떡볶이 한 그릇

PART 2

밥의 아름답고 맛있는 변신!
김밥&주먹밥&밥요리

PART 3

든든한 고기 요리와
소박한 채소 요리

PART 4

밀가루로 놀면서 만드는 과자&쿠키&빵

PART 5

특별한 디저트와 쫄깃한 떡요리

베스트 인기 도시락

아이들과 요리 시간에 미리 알아두세요

1 위생은 필수예요

아이들과 요리 하기 전에 항상 깨끗하게 손을 씻을 수 있도록 지도해 주세요. 손톱도 깨끗하게 정리하고 앞치마를 착용하게 하는 것은 아이들의 위생관념을 자리잡게 해 줄 수 있도록 도와줍니다.

2 아이들 전용 조리도구를 준비하세요

아이들과 함께 요리할 때에는 아이들에게 맞는 전용 조리도구를 준비해주는 것이 좋아요. 특히 칼은 아이들 손 크기에 맞는 크기와 너무 날카롭지 않은 칼로 준비하면 좋아요. 너무 어린 아이들은 빵을 자를 때 쓰는 플라스틱 칼이나 양식 커트러리에 있는 나이프를 이용하는 것도 손을 다치지 않도록 안전하게 사용할 수 있는 좋은 방법이에요.

3 가스 불 대신 인덕션이나 전기레인지, 전기 팬을 활용하세요

요리 할 때 가장 중요하게 신경 써야 하는 점은 바로 화상의 위험성입니다. 계속적으로 아이들에게 불에 대한 위험성을 알려주고 조심할 수 있도록 주의를 주셔야 합니다. 가스레인지 보다는 손에 데일 위험이 적은 인덕션이나 전기레인지, 전기 팬을 이용하는 게 좋아요.

4 바른 자세로 요리를 할 수 있도록 해주세요

아이가 편하고 바른 자세로 요리를 할 수 있어야 조리 시 각종 발생하는 위험에 조금 더 안전할 수 있습니다. 작업대나 의자를 아이들 키에 맞추어 바른 자세로 요리를 할 수 있도록 도와주세요.

5 아이에게 충분히 생각할 시간을 주시고 기다려주세요

아이들은 요리에 서투를 수 밖에 없습니다. 아이가 요리 과정에 대해 궁금해 하면 설명해주시고 아이들의 생각은 어떤지 충분히 생각할 시간을 주세요. 또 아이가 재료를 자르고 섞는 과정이 느리더라도 엄마가 도와주기 보다는 아이들 스스로 할 수 있도록 기다려주세요. 그럴수록 아이들의 자신감은 더욱 상승하게 됩니다.

6 아이들 마음대로 요리할 수 있도록 해주세요

엄마가 해오던 대로 요리를 하게 하기 보다는 아이들 마음껏 창의력을 가지고 즐길 수 있도록 해주세요. 샌드위치는 꼭 네모 모양이 아니어도 좋고, 떡은 꼭 손에 들고 먹으라는 법은 없어요. 아이들이 하고 싶은 대로 모양을 만들다 보면 아이의 상상력은 풍부해지고 생각주머니가 자라게 됩니다.

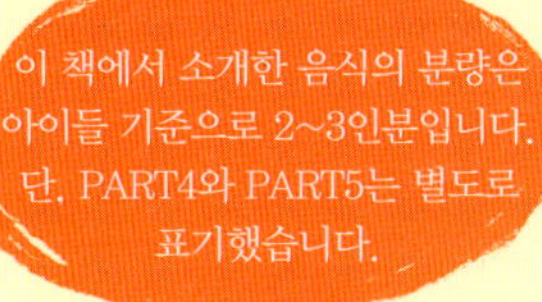

이 책에서 소개한 음식의 분량은
아이들 기준으로 2~3인분입니다.
단, PART4와 PART5는 별도로
표기했습니다.

이 책에 사용한 **계량 법**

▶ 이 책에서는 계량 컵과 계량 스푼을 이용해 계량했어요.

1큰술 = 15㎖
1작은술 = 5㎖
1컵 = 200㎖

▶ 계량스푼과 계량 컵이 없을 때에는 밥숟가락과 종이컵을 사용하세요.

〈액체류〉
1큰술 = 밥숟가락 1.5스푼
1작은술 = 밥숟가락 1/3스푼
1컵 = 종이컵 1컵

〈장류〉
1큰술 = 밥숟가락 수북이 1스푼
1작은술 = 밥숟가락 수북이 1/2스푼
1컵 = 종이컵 윗면을 편편하게 해서 1컵

〈가루류〉
1큰술 = 밥숟가락 수북이 1스푼
1작은술 = 밥숟가락 수북이 1/2스푼
1컵 = 종이컵 수북이 떠서 1컵

아이들과 요리 시간에 도움되는

온라인 쇼핑몰

1. 베이킹 재료

홈베이킹 도구에서부터 재료, 포장 용품까지 다양한 재료가 한 곳에 모여 있는 곳. 소분 판매를 하기 때문에 적은 양을 살 수 있는 장점이 있다. 직접 제품을 보고 구입하고 싶을 때에는 베이킹, 포장 전문 상가인 방산 시장을 추천!

- 이지 베이킹 www.ezbaking.com/
- 베이킹 스쿨 www.bakingschool.co.kr/

2. 떡 재료

예전에는 떡 재료를 살만한 곳이 많지 않았지만 요즘은 떡에 관련해 모든 것을 파는 전문 쇼핑몰이 있다. 떡을 만드는 도구, 재료, 포장 용품까지 다양한 제품을 판매하고 설이나 명절 때는 패키지도 묶어서 판매하고 있다. 또 떡을 만드는 방법과 레시피도 상세히 알려주고 있어 초보자도 손쉽게 배울 수 있다.

- 참새방앗간 www.dduk21.com

3. 그릇, 소품

아이들과 요리할 때 귀엽고 깜찍한 그릇들을 이용하면 아이들이 더욱 흥미를 가지고 요리에 임할 수 있다. 예쁘고 아기자기한 그릇, 소품들을 판매하는 곳.

- 호시노 앤 쿠키스 www.hosino.co.kr
- 따뜻한 식탁 www.warm-table.co.kr
- 모리다인 www.moridain.com

4. 도시락 관련 소품

요즘에는 센스 있고 예쁜 도시락이 대세. 그만큼 도시락과 관련된 다양한 제품을 파는 전문 쇼핑몰도 늘어나는 추세이다. 그 중에서 적은 양을 소분해서 팔고 도시락과 관련된 소품을 파는 곳.

- 도나앤 데코 www.donnandeco.com
- 스위트팩 www.sweetpack.co.kr

5. 식품

전부는 아니지만 가능하면 아이들이 먹는 식재료는 신선하고 믿을 수 있는 제품을 이용하는 편이다. 그 중에서 믿을 수 있는 유기농, 저농약 제품을 판매하는 올가와 한살림을 이용한다. 아이허브는 구하기 힘든 외국 제품을 우리나라로 직배송 해주는 쇼핑몰. 특히 한국말로도 번역을 해 놓았기 때문에 영어로 된 쇼핑몰에 자신이 없다면 도전해 볼만한 곳. 글루텐프리제품, 유기농 제품들이 다양하고 배송도 빠르다는 것이 장점이다.

- 올가 www.orga.co.kr
- 한살림 www.hansalim.or.kr
- 아이허브 kr.iherb.com

6. 앞치마

이 책에서 아이들이 입은 앞치마

- 로즈피플 http://blog.naver.com/thsdlsxo

7. 조리 도구

비교적 안전한 실리콘으로 만든 조리 도구를 구매할 수 있는 곳

- 실리쿡 대형 온라인쇼핑몰 입점
- 르크루제 www.lecreuset.co.kr/

c o o

t i

PART 1

간식의 대표급!
피자 한판과 떡볶이 한 그릇

토르티야에 얼굴을 그려보자

토르티야피자

이야기 요리

토르티야를 이용하면 언제 어디서나 아이들에게 최고 인기 간식인 피자를 집에서 만들 때 간단하답니다. 토르티야를 스케치북 삼아 아이들과 미술 활동을 해보면 좋아요. 피자에 얼굴을 꾸며보자고 했더니 건희는 어린이집에서 했던 뻥튀기로 얼굴 꾸미기 활동을 생각해 내더니 피자에도 얼굴을 어떻게 꾸밀 수 있을지 궁금해합니다. 자기가 좋아하는 소시지를 제일 많이 올리고 눈, 코, 입을 찾아가며 제법 잘 꾸밉니다. 거울을 보면서 자신의 머리는 짧고 귀는 크다는 것을 느끼고 직접 꾸미는 것을 보니 자신을 관찰하고 자신의 모습을 알아가는 데 유익했던 것 같아요. 모두 완성하고 자기 것과 누나 것을 비교해가면서 정말 어디가 닮았는지, 어디가 다른지에 대해서 이야기 나누어 보았어요. 서로 자기 것은 먹기 아깝다며 아끼는 모습이 너무 귀여웠답니다.

토르티야 2장
피자소스 1/2컵
피자치즈 1컵
브로콜리 1/2송이
방울토마토 10개
블랙올리브 5개
비엔나 소시지 6개
양송이버섯 4개
옥수수알 4큰술
(*채소류는 선택 가능)

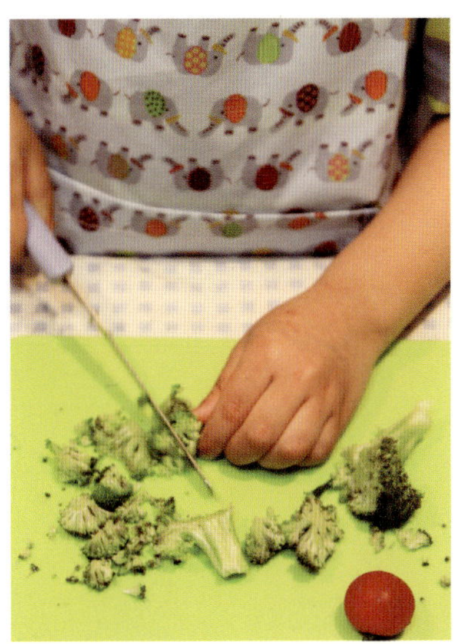

1 브로콜리는 줄기 부분은 잘라내고 잎 부분만 한입 크기로 썬다. 방울토마토는 반으로 자른다.

+ 양파나 피망, 파프리카 등 아이들이 싫어하는 채소를 준비해서 직접 손질하고 만들면 아이들에게 채소를 먹일 수 있는 좋은 방법입니다.

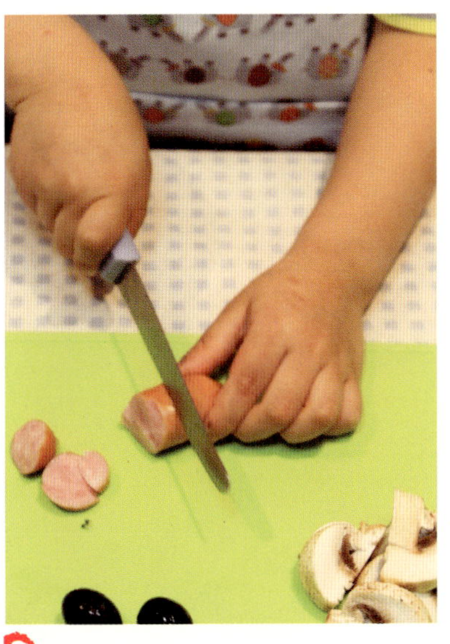

2 블랙올리브와 비엔나 소시지는 동그란 모양을 살려 썬다. 양송이 버섯은 모양을 살려서 썰고 옥수수알도 준비한다.

3 토르티야에 피자소스를 꼼꼼히 바르고 위에 피자치즈를 골고루 뿌린다.

+ 치즈가 열에 의해서 어떻게 변화하는지 알 수 있어요.

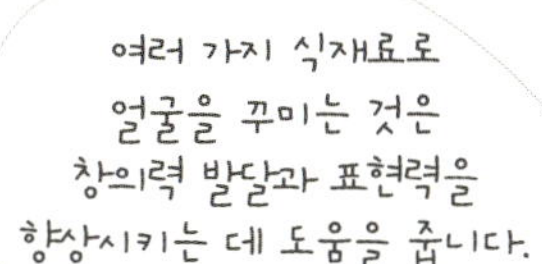

여러 가지 식재료로 얼굴을 꾸미는 것은 창의력 발달과 표현력을 향상시키는 데 도움을 줍니다.

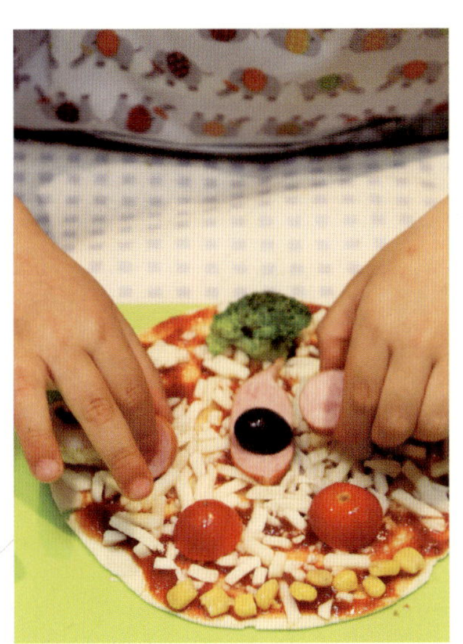

4 피자치즈 위에 준비한 재료들로 마음껏 얼굴을 꾸며본다.

5 피자 꾸미기가 끝나면 오븐 팬 위에 올리고 200℃로 예열한 오븐에서 10~15분 정도 구워 완성한다.

식빵컵피자

이야기 요리

아이들은 식빵으로 피자를 만드는 활동을 어린이집이나 유치원 등에서 한번쯤은 경험해 보는 것 같아요. 피자는 보통 동그란 모양으로 만들지만 식빵 컵피자는 네모난 식빵을 컵 모양으로 만들어 토핑을 해서 예쁘게 만들어 먹는 특별한 피자랍니다. 식빵으로 먹을 수 있는 컵을 만들거라고 했더니 아이들은 호기심이 발동했지요. 납작한 네모였던 빵을 밀대로 얇게 밀고 머핀틀에 넣으니 컵 모양이 되자 신기해 했어요. 식빵 토핑을 채우고 피자치즈를 얹는 과정은 다른 피자 만들기와 비슷해요. 피자가 완성되자 각자 하나씩 자기 만의 피자가 완성된 것에 뿌듯함을 느꼈지요. 꽃이 활짝 핀 것처럼 화려하고 예뻐서 먹기에도 아까왔답니다.

식빵 6장
닭가슴살 1쪽
빨강·노랑·초록 파프리카 1/4개씩
양파 1/4개
피자소스 4큰술
케첩 3큰술
피자치즈 1/2컵
파슬리가루 약간씩
식용유 약간

닭가슴살 밑간
소금·후춧가루 약간씩

도구
밀대, 머핀 틀

1 닭가슴살은 한입 크기로 잘라 소금, 후춧가루를 뿌려 잠시 둔다.

2 파프리카, 양파는 옥수수알 크기로 잘게 자른다.

+ 평소에 위험해서 칼을 쓸 수 없었던 아이들에게 플라스틱 빵 칼을 주고 사용하게 하면 위험하지도 않고 자신도 요리를 할 수 있다는 자신감을 갖게 합니다.

3 달군 팬에 기름을 두르고 밑간한 닭가슴살을 넣어 볶는다. 닭가슴살이 거의 익어갈 때 쯤 잘게 썬 채소를 넣고 살짝 볶은 다음 피자소스, 케첩을 넣어 볶아 낸다.

+ 피자소스나 케첩이 없을 때는 시판 스파게티 소스로 볶아 내도 좋아요.

4 식빵은 질긴 테두리 부분은 잘라 내고 가운데 부분만 밀대로 밀어 얇게 핀다.

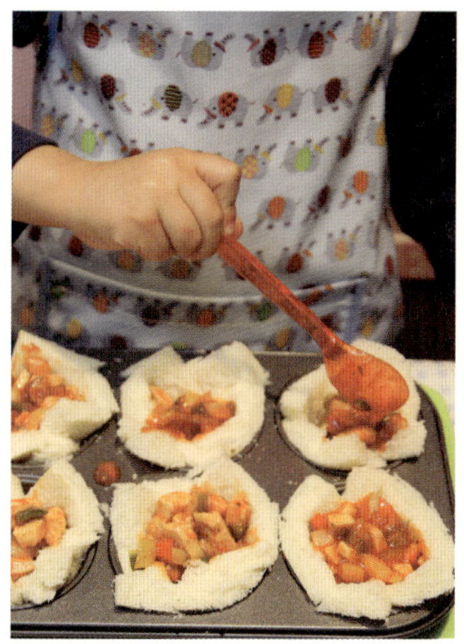

5 머핀 틀에 **4**의 식빵을 넣어 꽃 모양 그릇으로 만들고 가운데 부분에 **3**에서 볶은 재료를 넣는다.

+ 평면의 식빵을 틀에 담아 동그란 그릇을 만들 수도 있다는 것을 알고 평면과 입체의 차이에 대해 알아보아요.

6 속을 채운 식빵 위에 피자치즈를 올리고 파슬리 가루를 뿌린 다음 200℃로 예열한 오븐에서 10~15분 정도 치즈가 녹을 정도로 구워 낸다.

과자같은 피자를 만들어요

만두피피자

이야기 요리

냉동실에 잠자고 있는 만두피가 있다면 만두 대신 피자를 만들어 보세요. 만두피로 바삭한 과자처럼 맛있는 피자를 만들 수 있어요. 만두피피자는 늘 먹는 토마토소스 대신 크림소스로 만든 고소한 꼬마 피자랍니다. 만두피로 피자를 만들거라고 했더니 아이들은 생소한 재료 때문인지 맛이 없을 것 같다는 걱정부터 늘어놓기에 만두피가 얇아서 과자처럼 바삭한 피자가 될 거라고 귀뜸을 해주니 그때부터 신이 나서 열심히 만들었어요. 버터와 밀가루가 만나 몽글몽글해지다가 우유를 붓고 끓이면 걸쭉한 크림스프 같은 소스가 만들어지는 것을 신기해했답니다. 토마토 소스가 아니라서 어떤 맛일이지 궁금해하며 먹어보더니 고소하고 우유 맛이 나 맛있어 했어요. 완성된 만두피 피자는 정말 바삭해서 과자같이 맛있는 피자라고 좋아했지요. 다음에는 만두처럼 속에 소스와 재료를 넣고 빚으면 어떤 맛이 날지 만들어 보자고 약속했답니다.

만두피 6장
새우살 30g
파인애플 링 2쪽
브로콜리 30g
양파 1/6개
올리브 5개
밀가루 1큰술
버터 1큰술
우유 1/2컵
피자치즈 2/3컵
소금·후추 약간씩

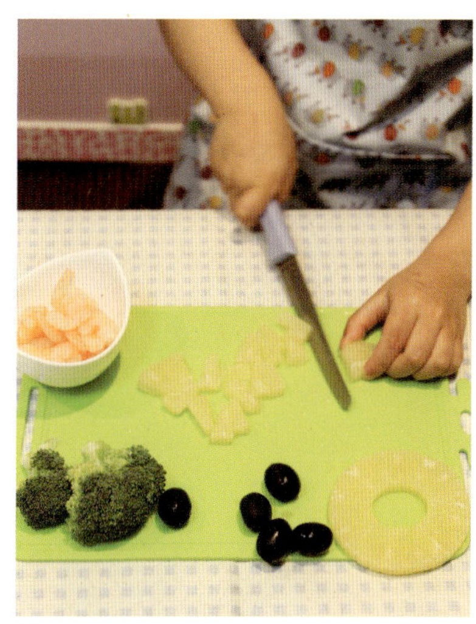

1 새우살은 옅은 소금물로 흔들어 씻는다. 파인애플 링, 브로콜리는 한 입 크기로 썰고 양파는 잘게 다진다. 올리브는 동그란 모양을 살려 썬다.

2 달군 팬에 양파와 버터를 넣어 약한 불에서 볶는다. 양파가 투명하게 볶아지면 밀가루를 넣어 타지 않게 1~2분 정도 볶는다.

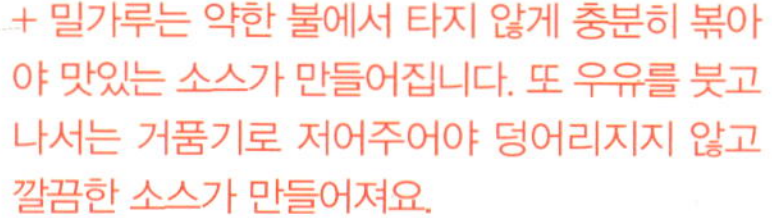

+ 밀가루는 약한 불에서 타지 않게 충분히 볶아야 맛있는 소스가 만들어집니다. 또 우유를 붓고 나서는 거품기로 저어주어야 덩어리지지 않고 깔끔한 소스가 만들어져요.

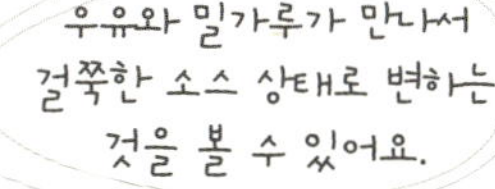

우유와 밀가루가 만나서
걸쭉한 소스 상태로 변하는
것을 볼 수 있어요.

3 2에 우유를 부어 걸쭉하게 소스를 만든 뒤 소금, 후추가루를 넣어 간한다.

+ 토마토 소스가 아닌 크림소스로도 피자를 만들 수 있다는 것을 알 수 있어요.

4 만두피를 오븐 팬 위에 올리고 3의 소스를 골고루 바른다.

+ 만두피를 그냥 펴서 만들어도 되지만 식빵컵 피자처럼 머핀 틀에 넣어 미리 살짝 구워 컵모양으로 만들어도 좋아요.

5 소스 바른 만두피 위에 준비한 토핑을 올리고 피자치즈를 뿌린 다음 200℃로 예열한 오븐에서 10분 정도 굽는다.

숟가락으로 떠먹는 피자

떠먹는피자

이야기 요리

피자 하면 빵이나 도우 위에 치즈를 올려 먹는 것이라 생각하는 아이들에게 떠먹는 피자는 새로운 생각을 갖게 해주는 피자랍니다. 게다가 빵이나 밀가루 도우 대신 쌀로 만든 떡을 넣어 쫄깃한 맛도 더하고 피자 치즈를 듬뿍 넣어 숟가락으로 떠 먹는 피자라 먹기에도 편하고 색다른 재미를 줍니다. 아이들은 재료를 탐색하다가 치즈와 소스를 보고 피자를 만들지 단번에 알아맞혔는데, 왜 떡이 있는지 궁금해 하길래 밀가루 대신 떡으로 먹는 피자라고 알려주고 숟가락으로 떠먹는 피자라고 말해주니 그런 피자도 있냐며 신기해 했지요. 아이들이 좋아하는 가래떡을 그릇에 깔아주는데 서로 달라붙는 떡들 때문에 힘들어하기도 했지만 열심히 만들었어요. 감자를 삶으면서 물이 끓는다, 수증기가 난다, 감자가 익는다는 등 용어에 대해 알아보았어요. 토핑을 얹고 피자가 구워 나오니 그냥 피자보다 훨씬 더 쭉쭉 늘어나는 피자치즈 덕분에 누가 누가 더 길게 치즈를 늘리나 시합도 해보고 맛있게 먹는 시간도 가져보았답니다.

감자 2개
가래떡 100g
베이컨 3장
양파 1/4개
브로콜리 1/4송이
피자소스 1/2컵
피자치즈 1컵
소금 약간

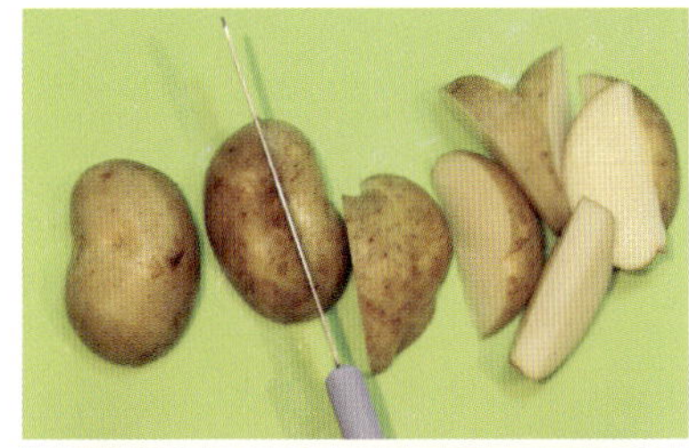

1 감자는 껍질째 깨끗하게 씻어서 반달모양으로 썰고, 뜨거운 물에 소금을 약간 넣고 완전히 익도록 삶아 낸다.

2 베이컨은 먹기 좋게 2cm 정도로 썰고 양파는 다진다. 브로콜리는 한 입 크기로 썬다.

+ 재료를 썰면서 방법에 따라 네모, 세모, 반달 모양 등의 모양에 대해 알 수 있어요.

3 오븐용 그릇에 가래떡을 깔고 그 위에 피자 소스를 바른다.

가래떡이 딱딱할 때에는 뜨거운 물에 데쳐 사용하세요.

4 소스 위에 감자, 베이컨, 다진양파, 브로콜리를 돌려 가며 예쁘게 담는다.

5 토핑 위에 피자치즈를 듬뿍 뿌리고 200℃로 예열한 오븐에서 10~15분 정도 구워 낸다.

도우 없이 가래떡으로 만드는 피자입니다. 숟가락으로 떠먹는 피자이니 만큼 피자치즈는 듬뿍 올려주세요.

반달 빵 속에 꼭꼭 숨은 피자

반달피자

이야기 요리

반달피자는 이탈리아의 대표 요리중 하나인 피자 중에서도 깔조네 피자를 말한답니다. 우리나라 만두처럼 피자에 들어가는 재료들을 모두 넣고 만두처럼 끝을 붙여 구워내지요. 이 피자는 도우를 만드는 과정부터 해보았어요. 처음에는 반죽이 끈적끈적해서 손에 달라붙다가 어느 순간부터는 말랑말랑하고 부드러운 반죽이 됩니다. 아이들에게 이것은 밀가루에 포함된 글루텐이 활성화 되면서 끈기가 생기고 나중에 쫄깃한 빵이 되도록 도움을 준다고 알려주었지요. 글루텐은 치댈수록 많이 생기기 때문에 아이들에게 충분히 밀가루 반죽을 주무르고 던지면서 놀게 해주는 것이 좋아요. 반죽이 완성되면 따뜻한 곳에서 발효를 시켜주는데 밀가루에 넣은 이스트라는 효모가 발효되면서 생기는 탄산가스 덕분에 빵이 부푸는 것이라는 설명도 해주었지요. 발효가 되어 두배로 부푼 빵 반죽을 다시 손으로 꾹 눌러주면 작아지는 반죽 덕분에 아이들은 한바탕 신나는 밀가루 놀이를 했답니다.

시판 피자믹스 1봉
비엔나 소시지 5개
양파 1/4개
양송이버섯 4개
시금치 30g 정도
피자소스 1/2컵
피자치즈 1컵

1 시판믹스에 따뜻한 물을 붓고 반죽을 한다. 반죽이 한덩어리가 되면 5분 정도 치대고 랩을 씌워 따뜻한 곳에서 40분 정도 발효한다.

+ 피자 도우의 발효 과정을 보고 밀가루가 어떻게 변하는지 알 수 있어요.

2 반죽이 2배 정도로 부풀면 꺼내 눌러 가스를 빼고 반죽을 2덩어리로 나누어 밀대로 얇게 동그란 모양으로 펴준다.

+ 피자 도우가 너무 두꺼우면 익지 않고 맛도 덜합니다. 피자 도우는 될 수 있으면 얇게 밀어서 만드세요.

3 소시지는 동그란 모양으로 자르고 양송이버섯, 시금치, 양파도 먹기 좋게 썬다.

4 **2**의 피자 도우의 끝부분은 1~2cm 정도 남기고 반쪽에만 반달모양으로 피자 소스를 펴 바른다.

5 피자 소스를 바른 쪽 위에만 **3**의 재료들을 듬뿍 올리고 피자 치즈를 뿌린다.

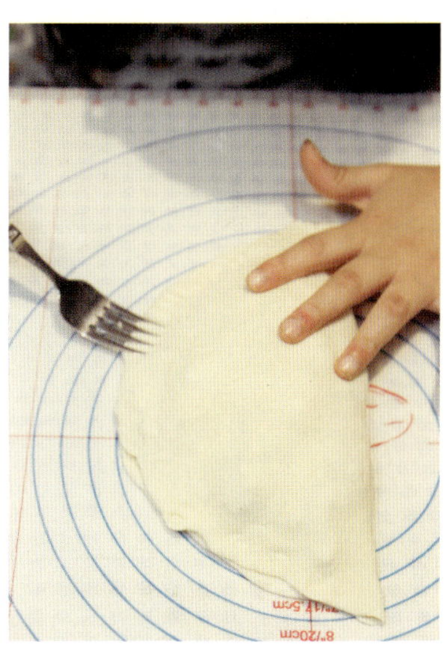

6 나머지 반쪽 도우를 접어 올려 반달모양으로 만들고 모서리 부분은 포크로 눌러 붙인다. 200℃로 예열한 오븐에서 20~25분 정도 구워 완성한다.

+ 피자 도우가 흘러나오지 않도록 반죽을 덮고 포크로 꾹꾹 잘 눌러야 합니다.

빵 대신 든든한 밥으로 피자를 만들자

불고기밥피자

이야기 요리

불고기밥피자는 밀가루 도우 대신 잡곡밥으로 도우를 만들어 바삭하면서도 든든하고 영양가는 더 많은 맛있는 피자랍니다. 밥으로 만들어 건강에도 좋고 밥대신 먹어도 좋지요. 아이들도 색다른 맛에 더 좋아한답니다. 먼저 밥이 서로 잘 뭉쳐지도록 달걀을 넣고 팬에 펴 올려 도톰한 누룽지를 만들었어요. 누룽지를 별로 먹어보지 못한 아이들에게 누룽지를 먹게 해 주니 바삭하고 맛있어 했지요. 누룽지 위에 소스를 바르고 토핑과 치즈를 올려 약한 불에서 구워내자 피자 한판이 뚝딱 만들어졌다며 신나했어요. 밀가루를 좋아하지 않아 피자를 안먹는 아빠와 함께 온가족이 둘러 앉아 맛있게 먹었답니다.

잡곡밥 1.5공기
(양념:소금·후춧가루 약간씩, 달걀 1/2개)
소고기 100g
(양념:간장 1큰술, 설탕·다진마늘 1작은술씩, 후춧가루 약간)
피망·빨강·노랑 파프리카 각 1/4개씩
옥수수알 3큰술
피자치즈 1컵
토마토 소스 2큰술
스윗칠리소스 1큰술
파슬리가루 약간
식용유 1큰술

1 잡곡밥에 소금, 후춧가루를 살짝 뿌리고 달걀 반개를 넣고 잘 섞어준다.

+ 오븐 없이 프라이팬에 만드는 피자입니다. 밥 도우를 만들 때 밥이 얇게 펴는 것이 힘들기 때문에 달걀을 넣고 밥알을 피면 잘 펴질 뿐만 아니라 밥알이 서로 잘 달라붙어 도우가 찢어지지 않아요.

2 달군 팬에 붓으로 기름을 꼼꼼히 바르고 그 위에 1의 밥을 얇게 펴 약한 불에서 앞뒤로 10분 정도 구워 바삭한 누룽지 도우를 만든다.

+ 밥을 얇게 펴서 열을 가하면 누룽지다 된다는 것을 알 수 있어요. 또 누룽지의 바삭바삭한 식감을 느껴 봅니다.

3 소고기는 불고기 감으로 준비해서 분량의 양념에 버무린 뒤 달군 팬에 국물 없이 볶아 한김 식힌다.

4 파프리카는 옥수수알 크기로 다져 준비하고 옥수수알도 물기를 빼서 준비한다.

5 2의 누룽지 도우 위에 토마토 소스와 스윗칠리 소스 섞은 것을 펴 바르고 그 위에 볶은 불고기와 파프리카, 옥수수알을 올린다.

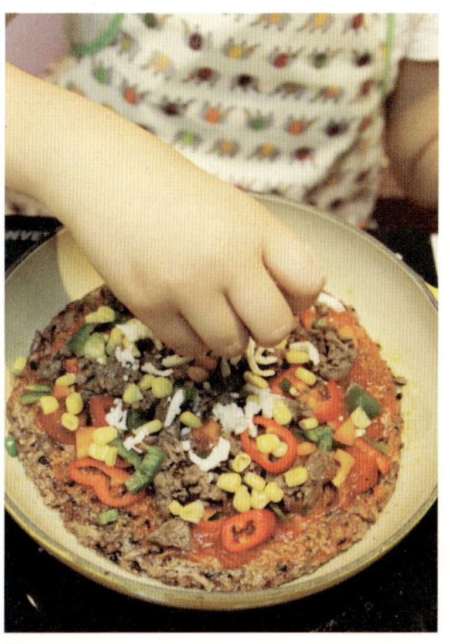

6 토핑을 올리고 피자치즈와 파슬리가루를 뿌린 뒤 뚜껑을 덮고 약한 불에서 피자치즈가 녹을 정도로 10분 정도 구워 완성한다.

새콤달콤 맛있는 과일로 만드는

과일피자

이야기 요리

피자가 맛있기는 하지만 칼로리가 높아서 걱정일 때가 있지요. 과일피자는 새콤달콤한 요구르트 소스에 과일을 얹어서 칼로리 걱정없이 가볍게 먹는 상큼한 피자랍니다. 비만인 어른이나 아이들도 칼로리 걱정 덜면서 건강하게 먹을 수 있어요. 아이들은 좋아하는 과일을 썰고 또띠아 위에 요거트도 바르고 치즈도 뿌리면서 소꿉놀이처럼 즐거워했어요. 피자를 만들면서 인스턴트 음식에 대해 이야기 해보고 왜 몸에 좋지 않은지도 이야기 나누었어요. 아이들이 좋아하는 햄버거, 피자, 과자 등 밖에서 사먹는 인스턴트 음식은 나트륨이나 지방이 많아 키가 크는 것도 방해하고 칼로리가 높아 살도 찌므로 될 수 있으면 사먹지 않고 엄마와 함께 만들어 먹기로 했답니다. 다 만들고 나서 시식 할 때는 세상에 둘도 없는 맛있는 피자라면서 생일날 먹고 싶은 피자라고 했답니다.

또띠아 2장
플레인 요구르트 100g
피자치즈 1컵
딸기 10개
키위 2개
블루베리 30g
오렌지 1개
연유 약간

1 딸기는 꼭지를 따서 반으로 자르고 키위와 오렌지는 껍질을 벗겨 적당한 크기로 썬다. 블루베리도 준비한다.

+ 여러 가지 종류의 과일에 대해 이야기 나누어 보고 과일 특유의 맛과 향을 느껴보세요.

2 또띠아 위에 플레인 요구르트를 펴 바르고 그 위에 피자치즈를 펴 올린 뒤 200℃로 예열한 오븐에서 10분 정도 굽는다.

+ 또띠아가 없을 때는 식빵을 이용해 만들어도 좋아요.

3 **2**의 피자를 꺼내 준비한 과일을 골고루 펴 올린 뒤 다시 오븐에 넣고 5분 정도 넣어 치즈가 다 녹으면 꺼낸다.

4 완성된 피자 위에 연유를 살짝 뿌려 먹는다.

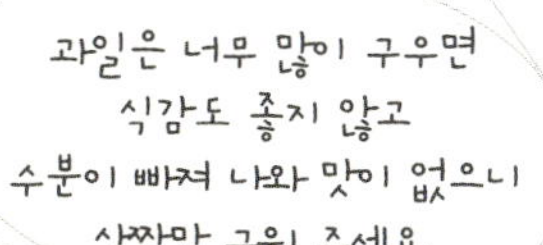

과일은 너무 많이 구우면
식감도 좋지 않고
수분이 빠져 나와 맛이 없으니
살짝만 구워 주세요.

매콤한 국물을 떠먹는 맛있는 떡볶이

국물떡볶이

이야기 요리

대한민국 대표 간식 하면 역시 매콤한 떡볶이겠지요. 국물떡볶이는 토마토를 넣어 매콤한 맛은 줄이고 새콤한 맛을 살려 국물 한 방울도 남기지 않고 떠먹게 만든답니다. 일반 떡볶이를 아이들이 먹을 때는 매운 맛을 물에 씻어서 먹곤 하지요. 국물떡볶이는 맵지 않은 토마토 소스 맛이라 아이들도 잘 먹는답니다. 완성된 국물떡볶이는 살짝 매콤한 맛이 나고 새콤한 맛도 나서 정말 맛있게 먹었답니다. 유난히 매운 것을 못 먹는 연희는 얼굴은 빨갛게 붉어지면서도 맛있다며 잘 먹었어요. 동생에게 매울 때에는 메추리알을 먹으면 괜찮다는 조언도 해가면서 말이죠. 다음에는 친구들을 초대해서 함께 만들어보기로 했답니다.

가래떡 300g
어묵 200g
양배추 2장
양파 1/4개
대파 1/3대
메추리알 6개
멸치다시마육수 3컵

양념장

고추장 3큰술
토마토 소스 1큰술
다진마늘 1/2큰술
간장 1큰술
매실청 2큰술
설탕 1큰술
물엿 약간
후춧가루 약간

1 가래떡은 찬물에 잠시 담갔다가 꺼내 물기를 빼고 어묵은 뜨거운 물에 살짝 데쳤다가 한입 크기로 썬다.

+ 가래떡은 쌀을 씻어서 불린 다음 물기를 빼서 곱게 갈아 쌀가루를 만들어 소금을 섞고 찜기에 올려 쌀이 익을 때 까지 찐 다음 동그란 구멍이 있는 기계 사이로 쌀반죽을 빠져 나오게 해서 만드는 떡입니다.

2 양배추와 양파는 도톰하게 채썰고 메추리알은 삶아서 껍질을 벗긴다. 대파는 어슷 썬다.

3 냄비에 육수를 붓고 분량의 양념장 재료를 모두 넣어 끓인다.

+ 아이들이 매운 것을 잘 못 먹을 때는 고추장 양을 줄이고 케첩이나 물엿을 더 첨가해주세요.

4 국물이 한소끔 끓으면 가래떡과 어묵, 양배추, 양파를 넣고 중약불에서 저어가며 끓인다.

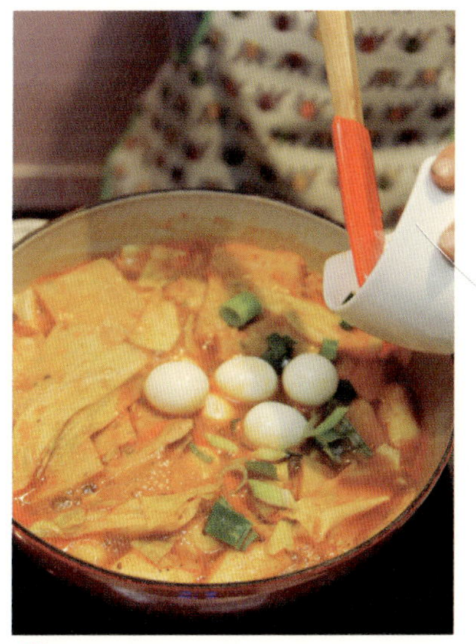

5 10분 정도 충분히 끓인 뒤 대파와 메추리알을 넣고 한소끔 끓여 완성한다.

+ 메추리알을 달걀과 비교하면서 이야기 나누어 보세요.

고추장의 맛을 보고
매운 음식에는 어떤 것이
있는지 알아봅니다.

눈사람을 찾아라! 하얀 떡볶이

카르보나라떡볶이

이야기 요리

카르보나라는 이탈리아 음식인 스파게티의 한 종류입니다. 카르보나라 떡볶이는 우리의 조랭이 떡에 카르보나라 소스를 넣어 만든 고소하고 맛있는 떡볶이랍니다. 조랭이 떡은 가래떡의 일종인데 동글동들 눈사람처럼 생겨서 건희는 눈사람 떡볶이라고 부르지요. 맵지 않고 고소한 맛이 나는 까르보나라 떡볶이는 이탈리아의 까르보나라 소스와 우리나라의 전통 조랭이떡의 조합으로 동서양 음식이 조화되었다는 것과, 이탈리아 나라에 대해서도 알아보고 우리나라 전통 떡인 조랭이 떡에 대해 알아본 매우 유익한 요리시간이였어요. 아이들은 이제 우유나 생크림을 부울 때 한번에 쏟아 부우면 튀어서 뜨겁다는 것쯤은 알고 조심하면서 요리하는 것을 보니 조금씩 더 자란 것을 느꼈답니다. 눈사람처럼 만들려고 검은 깨로 눈을 붙여 주었더니 진짜 눈사람 떡볶이가 되었답니다. 건희는 앞으로도 계속 이 떡볶이를 먹겠다고 했답니다.

조랭이 떡 200g
양파 1/4개
베이컨 50g
시금치 1/2단
소금 1/3작은술
식용유 1큰술
검은깨
·후춧가루 약간씩

소스
생크림 1/2컵
우유 1컵
파마산 치즈가루
1큰술(생략 가능)
다진마늘 1작은술

1 조랭이 떡은 한번 씻어 준비한다. 양파는 채썰고 베이컨은 2cm 너비로 썬다. 시금치는 씻어서 먹기 좋은 크기로 썬다.

+ 우리나라 전통 떡 중에서 가래떡과 조랭이 떡을 비교해서 이야기 나누어 보세요.

2 달군 팬에 기름을 두르고 양파와 다진마늘을 넣어 볶는다. 양파가 투명해지면 베이컨과 조랭이 떡을 넣고 다시 한번 살짝 볶는다.

조랭이 떡에 검은깨로 눈을 붙여 눈사람을 만들어 소근육 발달과 창의력 활동을 해보세요.

3 2에 우유와 생크림을 넣고 약한 불에서 저어가며 끓인다.

4 조랭이 떡이 부드러워지고 소스가 걸쭉해지면 시금치를 넣은 다음 파마산 치즈가루를 넣고 소금, 후춧가루를 넣어 간을 해서 완성한다.

+ 파마산 치즈가루를 넣으면 좀 더 고소하고 감칠맛 나는 떡볶이를 만들 수 있어요.

단호박 그릇 속에 맛있는 떡볶이가

단호박크림떡볶이

이야기 요리

단호박 크림 떡볶이는 단호박을 통째 그릇으로 사용해서 떡볶이도 먹고 나중에 단호박 그릇도 먹을 수 있는 맛있는 떡볶이랍니다. 단호박은 달콤한 맛을 지니고 있어서 아이들도 좋아하지요. 저는 단호박이 영양도 좋고 그릇으로 활용할 수 있어서 단호박 요리를 자주 한답니다. 단호박을 곱게 으깨 떡볶이에 넣어주면 노란 색이 나는 예쁜 떡볶이를 만들 수 있어요. 건희는 익힌 단호박 씨를 파내는 과정을 무척이나 재미있어 했어요. 특히 단호박이 그릇이 될 것을 생각하니 너무 좋다면서요. 까르보나라 떡볶이와 과정이 비슷해서 척척 잘도 만들었어요. 으깬 단호박을 넣어 소스의 색이 점점 노란색으로 변하니 마술을 부린 것 같다네요. 달큰하고 고소한 단호박 떡볶이는 모양도 맛도 좋답니다.

단호박 1통
가래떡 300g
중하 5마리
양파 1/4개
양송이 버섯 4개
브로콜리 50g
생크림 1컵
우유 1/2컵
파마산 치즈가루 1큰술
다진마늘 1작은술
소금·후춧가루 약간씩

도구
찜기

1 단호박은 김 오른 찜통에 넣고 10~15분 정도 찐다.

+ 단호박은 날 것 그대로 자르려고 하면 단단해서 잘 썰리지 않아 손을 다칠 수 있으니 조심해야 해요. 반드시 찜기에 익힌 다음에 잘라주세요.

2 단호박이 익으면 꺼내서 한 김 식힌 뒤 1/3되는 지점을 자르고, 큰 부분은 씨를 파내 그릇으로 사용하고 윗부분은 껍질을 벗기고 씨를 제거한 뒤 포크로 으깨 놓는다.

+ 단단했던 단호박을 찜통에 것을 통해 물에 열을 가하면 수증기가 되고 그 열로 단호박이 익어 부드러워지는 것을 알 수 있어요.

3 새우살은 옅은 소금물로 흔들어 씻고 양파는 채썬다. 양송이 버섯은 모양을 살려 썰고 브로콜리는 한입 크기로 썬다.

4 달군 팬에 기름을 두르고 양파와 다진마늘을 넣어 볶는다. 양파가 투명해지면 새우와 가래떡, 버섯, 브로콜리를 넣고 다시 한번 살짝 볶는다.

5 4에 우유와 생크림을 넣고 약한 불에서 저어가며 끓인다.

+ 생크림에 단호박을 넣으면 크림색이 노랗게 변하게 되는 것도 보여줍니다.

6 떡이 부드러워지면 미리 으깨 놓은 단호박을 넣어 섞어준다. 소스가 걸쭉해지면 파마산 치즈가루를 넣고 소금, 후춧가루를 넣어 간을 해서 완성한다.

알록달록 과일과 함께 먹는 떡볶이

과일떡볶이

이야기 요리

떡볶이를 좋아하는 우리집 아이들을 위해 떡볶이를 자주하는데요. 아직은 매운 떡볶이보다는 과일 떡볶이를 더 좋아한답니다. 만들기도 쉽고 아이들이 좋아하는 과일과 가래떡을 넣고 볶아 새콤달콤해서 어린 아이들도 마음껏 즐길 수 있어요. 과일떡볶이에 들어가는 가래떡은 달라붙거나 타지 않게 약한 불에서 오랫동안 볶아야 해요. 성격이 급한 우리집 아이들은 얼른 볶았으면 하는 마음에 다 된 것 같다면서 몇 번을 물어보지만 조금 더 기다려야 한다는 엄마의 말에 인내심을 가지고 완성하는 시간까지 기다려 주었답니다. 달콤하게 간이 된 노릇하고 쫀득한 가래떡과 보기에도 알록달록한 과일들이 들어있어서 한그릇을 뚝딱 먹었지요. 떡만으로도 맛있었는지 다음에는 꼬치에 꽂아 달라는 주문도 했답니다.

가래떡 200g
파인애플 2쪽
키위 1개
사과 1/2개
방울토마토 5개
건포도 1큰술
물 2컵
식용유 2큰술
(*재료중 과일은 선택 가능)

소스

간장 1.5큰술
매실청 2큰술
조청 1큰술

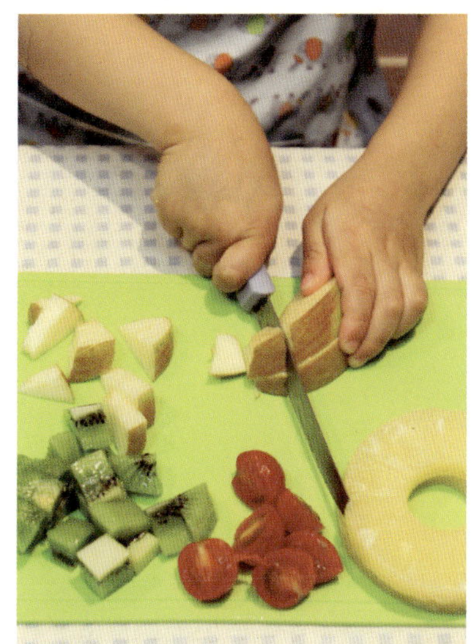

1 파인애플, 사과, 키위는 한입 크기로 썰고 방울토마토는 반으로 썬다. 가래떡은 씻어서 먹기 좋은 크기로 잘라 준비한다.

2 달군 팬에 기름을 두르고 가래떡을 넣어 볶는다. 가래떡의 겉면이 바삭한 느낌이 들도록 약한 불에서 충분히 볶는다.

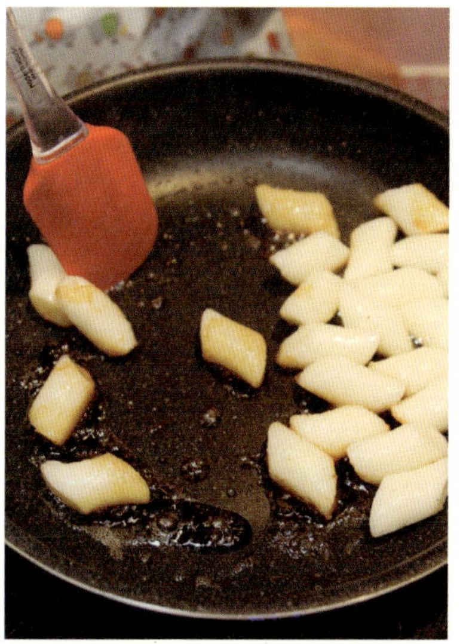

3 가래떡의 겉면이 바삭하게 볶아지면 간장을 넣고 불을 최대한 약하게 줄여 간장이 가래떡에 잘 베이도록 볶는다.

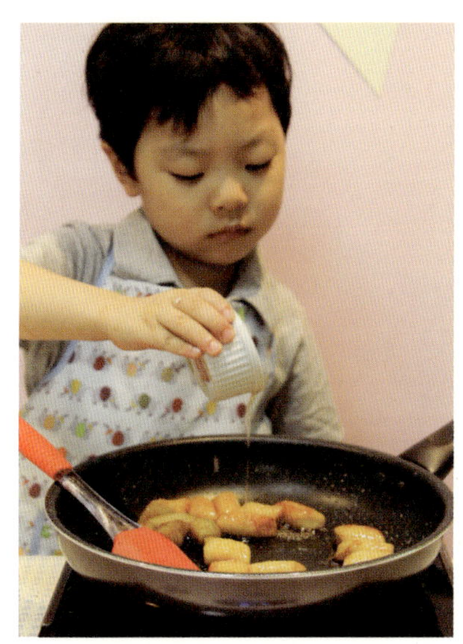

4 가래떡에 간장이 잘 베이면 매실청과 조청을 넣고 가래떡에 코팅이 되도록 볶는다.

+ 과일이 없을 때에는 가래떡만 넣고 볶아 양념해서 먹어도 별미랍니다.

5 국물이 거의 없이 조려질 때 쯤 잘라 놓은 과일과 건포도를 넣고 살짝 더 볶아 낸다.

+ 과일은 너무 오래 끓이면 물러져서 보기에도 안좋고 식감도 좋지 않아요. 소스가 졸았을 때 과일을 넣고 살짝만 볶아내세요.

다 만들어진 떡볶이와 과일을 꼬치에 차례대로 꽂으면서 규칙과 패턴에 대한 활동도 해보세요.

새콤달콤한 소스에 가래떡이

탕수떡볶이

이야기 요리

탕수육 하면 고기를 튀겨 달콤한 소스와 먹는 중국 음식이 떠오르죠. 아이들은 고기 맛과 달콤한 맛에 탕수육을 좋아하지요. 사먹는 탕수육은 기름이 깔끔한지도 모르겠고 소스도 너무 단 경우가 많아요. 탕수 떡볶이는 고기를 튀기는 대신 가볍게 구운 떡과 과일을 넣어 영양가는 높고, 새콤달콤하면서도 쫄깃한 맛이 좋아 아이들에게 인기 만점이지요. 하얀 가래떡을 굽자 노릇노릇 맛있어 보이는지 건희가 꿀에 찍어 먹고 싶다고 해서 먹어보았어요. 달콤한 소스를 만들 때는 물이었던 소스에 전분을 풀어 넣자 걸쭉진 걸 보고 궁금해해서 전분을 물과 섞은 뒤 열을 가하면 부피가 부풀면서 걸쭉한 상태로 변한다고 알려주었어요. 요리가 완성되자 과일을 좋아하는 건희는 과일 먼저 골라 먹고 나서 가래떡을 맛보더니 맛있는 떡볶이라고 칭찬했지요. 특히 탕수육 소스가 맛있다며 숟가락으로 떠 먹었답니다.

가래떡 200g
오렌지·키위 1개씩
파인애플 링 1쪽
미니 새송이버섯 30g
파프리카 1/4개
식용유 2큰술

소스

물 1컵
오렌지 주스 2큰술
설탕 1.5 큰술, 식초 2큰술
소금 1/2작은술, 녹말물 2큰술

1 달군 팬에 기름을 넉넉히 두르고 가래떡을 넣고 노릇하게 구워 낸다.

+ 가래떡은 기름에 튀기면 기름이 튀거나 떡이 터져서 위험합니다. 기름 두른 팬에 가볍게 구워 주세요.

2 오렌지, 키위, 파인애플 , 새송이버섯, 파프리카는 먹기 좋게 한입 크기로 썬다.

3 냄비에 물, 오렌지 주스, 설탕, 식초, 소금을 넣고 끓인다.

탕수육에 가래떡 대신 넣어도 좋을 음식에 대해 함께 이야기 나누어 보세요.

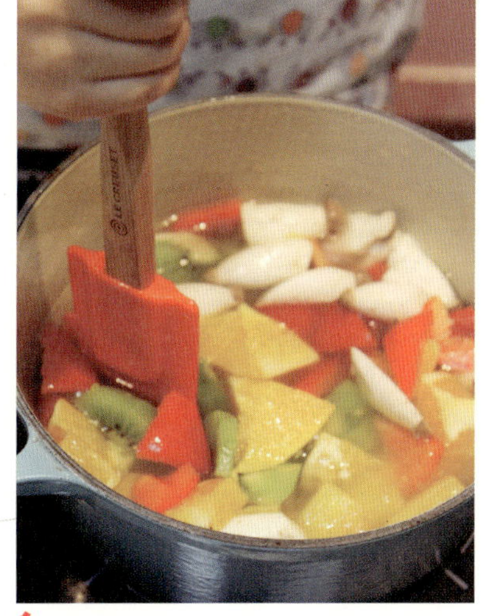

4 3의 소스가 끓기 시작하면 준비한 과일과 채소를 넣고 한소끔 끓인 뒤 녹말물을 넣고 잘 저어 걸쭉한 소스를 만든다.

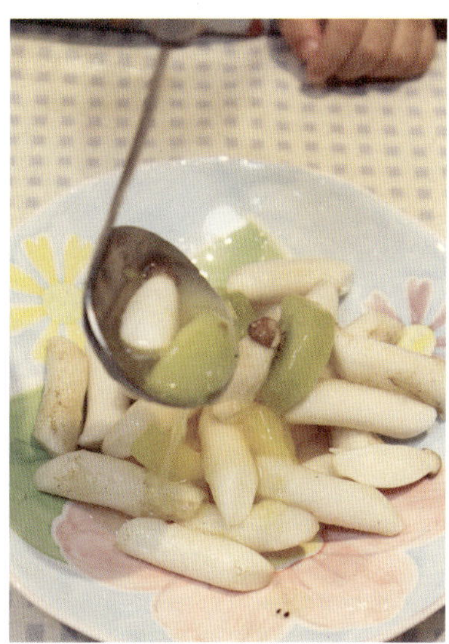

5 접시에 구운 가래떡을 담고 4의 소스를 뿌려 완성한다.

채소가 듬뿍! 영양 많은 떡볶이

궁중떡볶이

이야기 요리

궁중 떡볶이는 우리나라 전통 음식으로 옛날 궁궐에서 왕자와 공주들의 간식으로, 또 임금님의 수라상에 올라가던 귀한 요리입니다. 쇠고기와 함께 떡과 채소를 곁들여 영양적으로도 완벽하고 주재료인 흰떡(가래떡)에 쇠고기, 박오가리, 숙주, 미나리, 표고, 당근, 양파 등 여러 가지 채소들을 한데 섞어 간장 양념으로 간을 하여 볶은 음식이랍니다. 임금님이 드시던 귀한 요리라고 하니 아이들은 그동안 모르고 먹었던 궁중 떡볶이에 대해 새로운 생각이 들었는지 평소 좋아하지 않던 채소도 이 떡볶이에 넣으면 참 맛있게 먹을 수 있다고 이야기하더군요. 고추장을 넣지 않아 어린 아이들도 잘 먹을 수 있고 채소가 듬뿍 들어가 영양이 가득하답니다. 누나가 만든 맛있는 궁중떡볶이를 동생과 함께 나누어 먹으면서 서로 공주, 왕자가 된 것 같다면서 즐거워하며 먹었답니다.

조랭이떡 200g
소고기 100g
양파 1/4개
당근 1/4개
애호박 1/3개
표고버섯 2개
식용유 1큰술
참깨·참기름 약간씩

양념장

간장 3큰술
생강술 1큰술
매실청 2큰술
설탕 1/2큰술
다진마늘 1작은술
다진파 1큰술
후춧가루 약간

1 양파, 당근, 애호박은 채썰고 표고버섯은 밑동을 잘라낸 뒤 썬다.

+ 떡볶이에 들어가는 채소는 너무 얇게 채 썰면 나중에 볶고 나서 지저분해 보여요. 도톰하게 채 썰어 주세요.

2 분량의 양념장은 미리 섞어 둔다. 조랭이떡은 찬물에 담갔다가 꺼내 물기를 빼 둔다.

3 볼에 채썬 소고기와 표고버섯을 넣고 2에서 미리 섞어둔 양념장을 3큰술 정도 넣고 버무린다.

4 달군 팬에 기름을 두르고 양념한 소고기를 넣어 볶다가 소고기가 반쯤 익으면 조랭이떡도 넣어 볶는다.

5 조랭이떡이 말랑말랑해지면 준비한 채소와 남은 양념장을 넣고 섞어 가며 볶는다. 양파가 투명하게 볶아지면 참깨와 참기름을 넣어 한번 더 볶아 완성한다.

떡이 딱딱할 때는 뜨거운 물에 살짝 데쳐서 사용하세요. 볶는 시간도 단축되고 양념도 더 잘 배입니다.

꼬치에서 쏙쏙 빼먹는 떡볶이

떡꼬치

이야기 요리

떡을 좋아하는 우리집 아이들에게 떡으로 만드는 간식은 언제나 인기랍니다. 꼬치에 꽂아 새콤달콤한 양념을 발라 먹는 떡꼬치는 최고의 인기 간식이에요. 가래떡을 꼬치에 꽂을 때는 손이 다치지 않도록 조심해야 한다고 몇 번을 강조했더니 정말 조심조심 잘 했어요. 아이들과 함께 하니 기름에 튀기기 보다는 프라이팬에 기름을 두르고 노릇하게 구웠지요. 매실청과 케첩을 넣어 만든 새콤달콤한 소스 맛이 아이들 입맛에 잘 맞는답니다. 소스를 바르고 땅콩을 제법 듬뿍 뿌린 아이들은 하나씩 손에 들고 먹는 떡꼬치를 아주 맘에 들어했어요. 몇 개 들고 놀이터에 나가 친구들과 사이좋게 나누어 먹었답니다.

가래떡 400g
땅콩가루 약간
식용유 2큰술

소스

케첩 3큰술
스윗칠리 소스 1큰술
고추장 1/2큰술
간장 1작은술
물 2큰술
매실청 2큰술
물엿 1큰술
후춧가루 약간

도구

꼬치

1 꼬치에 가래떡을 가지런히 4~5개 정도 꽂는다.

+ 가래떡이 너무 딱딱할 때는 꼬치에 잘 꽂아지지 않아요. 딱딱한 가래떡은 끓는 물에 데쳐서 말랑말랑할 때 꽂아야 손도 다치지 않는답니다.

2 달군 팬에 기름을 두르고 꼬치에 꽂은 가래떡을 올리고 앞뒤로 노릇하게 굽는다.

3 팬에 소스 재료를 모두 넣고 바글바글 끓여 소스가 반 정도 남게 조린다.

4 그릇에 구운 떡꼬치를 놓고 붓으로 **3**의 소스를 꼼꼼히 바른 뒤 땅콩가루를 뿌려 완성한다.

c o o

t i

밥의 아름답고 맛있는 변신!
밥요리&김밥&주먹밥

달걀말이밥
김치볶음밥크로켓
볶음밥가지보트
오므라이스
나물비빔밥
달걀토마토볶음밥
건과일약식
구운밥버거
—
신호등김밥
꼬마김밥
삼각김밥
폭탄주먹밥
동물주먹밥
컵초밥
삼색주먹초밥
날치알달걀초밥
샐러드유부초밥

king

me

주먹밥을 달걀로 돌돌 말아

달걀말이밥

이야기 요리

한입 크기로 만든 채소주먹밥을 달걀 이불에 돌돌 말아 먹는 깜찍한 주먹밥이랍니다. 밥 반찬으로 준비된 게 없을 때나 밥을 잘 안먹을 때 해주는 특별식이죠. 소풍이나 야외로 놀러갈 때 김밥 대신 싸주기도 하는데 늘 인기가 좋답니다. 달걀말이 밥의 포인트는 채소를 작게 썰어야 한다는 거에요. 그래야 채소가 입안에서 겉돌지 않거든요. 채소 썰 때는 아이에게 충분히 썰게 한 다음 엄마가 다져주세요. 채소의 식감에 예민한 아이들이라면 채소를 한번 살짝 볶아서 넣으면 좋아요. 팬 위에 달걀을 길쭉하게 올리고 그 위에 밥을 올려 돌돌 마는 과정이 아이들에게 조금 어렵지 않을까 했는데 몇번 실패를 한 후 이내 잘 만들었어요. 요리를 할수록 불의 위험도 알고 스스로 조심하는 모습을 보니 아이들이 많이 배우고 자랐음을 느꼈답니다.

밥 2공기
(밥양념:참기름·참깨·
소금 약간씩)
피망 1/4개
당근1/4개
단무지 40g
우엉조림 30g(생략 가능)
달걀 2개
청주 1큰술
식용유 1큰술
소금 약간
(*채소류는 선택 가능)

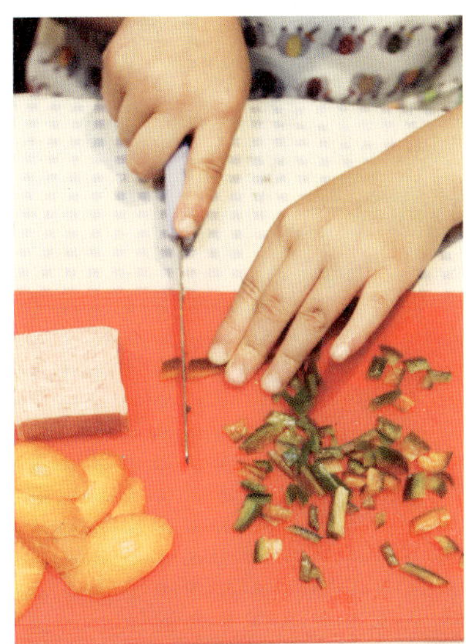

1 피망, 당근, 단무지, 우엉조림은 잘게 다진다.

+ 아이들이 싫어하는 재료를 최대한 잘게 다져서 넣어주세요.

2 따뜻한 밥에 1의 다진 채소를 넣고 소금, 참기름, 참깨를 넣고 잘 버무린다.

+ 좀 더 부드러운 식감을 원할 때는 채소를 살짝 볶아 사용하면 좋아요.

3 2를 한입 크기로 뭉쳐 주먹밥을 만든다.

4 볼에 달걀, 청주, 소금 약간을 넣고 섞은 뒤 체에 걸러 알끈을 제거한다.

알끈을 제거하면
좀 더 부드러운 달걀말이 밥을
만들 수 있어요.

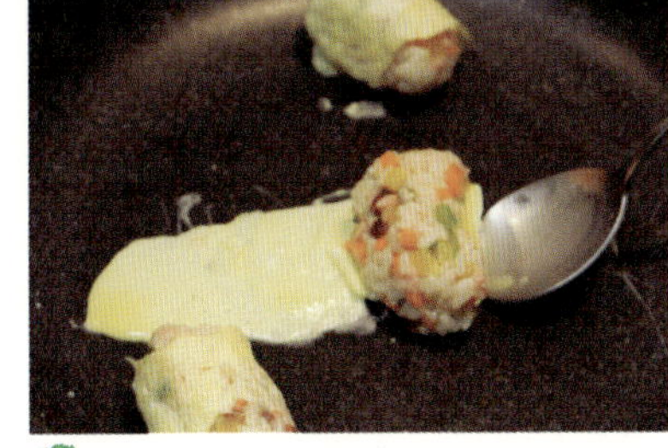

5 달군 팬에 기름을 두르고 키친 타올로 닦아 낸 뒤 불을 최대한 약하게 줄인 뒤 4의 달걀을 숟가락으로 길쭉한 모양으로 떠 올린다. 달걀이 반쯤 익었을 때 주먹밥을 한쪽 끝 위에 올리고 돌돌 말아 달걀말이 밥을 완성한다.

+ 달걀이 다 익으면 밥에 잘 달라붙지 않아요. 반쯤 익었을 때 재빨리 굴려야 밥에 달걀이 잘 달라붙어 풀리지 않아요.

바삭한 튀김속에 김치볶음밥이 숨었네

김치볶음밥크로켓

이야기 요리

크로켓은 감자와 채소를 으깬 뒤 빵가루로 옷을 입혀 튀긴 음식을 말해요. 이 요리는 감자 대신 밥과 채소, 잘게 썬 김치, 날치알을 넣어 톡톡 튀는 식감이 좋은 김치 볶음밥을 동그랗게 빚어 빵가루에 옷을 입혀 구운 크로켓이에요. 아이들은 밥인지도 모르게 맛있게 먹지요. 김치를 좋아하지 않는 연희는 재료에 김치가 들어가는 것을 알고는 매우면 어떻게 하냐며 시작부터 걱정을 하더니 김치를 씻어서 주고 자르는 것을 도와 주니 거부감 없이 잘 했어요. 연희에게 날치알을 맛 보이고 어떤 맛인지 물어봤더니 자기가 좋아하는 날치알은 입 안에서 톡톡 튀어 꼭 꼬마 폭죽이 튀겨지는 느낌이라네요. 크로켓이 완성되고 먹어 본 아이들은 겉은 바삭하고 안의 주먹밥은 톡톡 튀는 날치알 맛이 나서 김치가 들어간지도 모르게 아주 맛있었다고 했답니다.

김치 50g
양파·피망·당근 1/4개씩
케첩 4큰술
올리브유 1큰술
식용유 약간

날치알밥

밥 2공기
날치알 4큰술
소금·후춧가루 약간씩

튀김옷

밀가루 1/2컵
달걀 1개, 빵가루 1컵

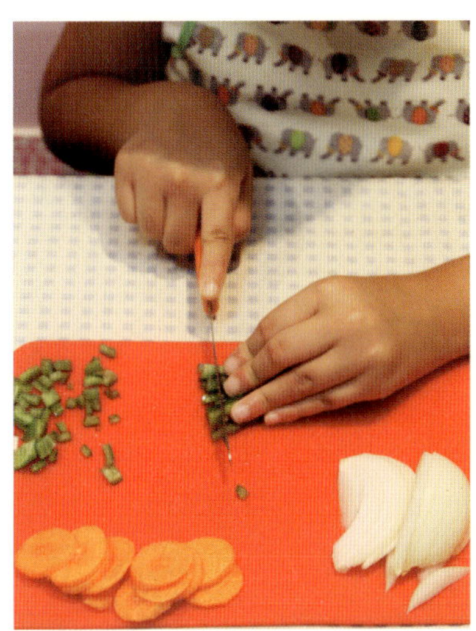

1 김치는 송송 잘게 썰고 양파, 피망, 당근은 잘게 다진다.

2 달군 팬에 기름을 두르고 양파와 김치를 넣어 볶다가 김치가 부드럽게 볶아지면 당근, 피망도 넣어 볶는다.

3 날치알밥 재료를 섞어 **2**의 채소 볶은 것에 넣어 살짝 볶아 둔다.

재료들을 잘게 다지는 과정이 아이들에게 쉽지는 않지만 엄마들이 인내심을 가지고 기다려주면 충분히 잘 해내요.

4 **3**의 밥이 식으면 한입 크기로 동그랗게 빚어 둔다.

+ 밀가루나 찰흙이 아닌 밥과 채소들을 동그랗게 뭉치는 과정은 또다른 촉감을 느끼게 해줍니다.

5 **4**의 밥을 밀가루 → 달걀물 → 빵가루 순으로 옷을 입힌다.

6 오븐 팬위에 **5**의 밥을 올리고 붓으로 올리브유를 발라준다. 200℃로 예열한 오븐에서 10~15분 정도 구워 완성한다.

+ 크로켓은 튀기는 음식이지만 오븐에 구우면 칼로리는 낮추면서도 바삭한 식감을 느낄 수 있어요. 오븐이 없을 때에는 180℃로 가열한 기름에 튀겨주세요.

가지로 만든 배 속에 무엇이 들었을까

볶음밥가지보트

이야기 요리

가지는 물렁물렁한 식감 때문에 아이들이 싫어하는 채소지만 가지 속을 파서 배모양으로 만들어 볶음밥을 넣어 주면 모양에 한번 반하고 맛에 두 번 반하는 인기 만점의 요리가 된답니다. 건희는 가지가 싫어서 요리하기 싫다고 했지만 가지가 멋진 배로 변신한다고 말해 주니 흥미를 보였답니다. 가지를 반으로 잘라 속을 파내는 과정을 아이들이 재미있어 하는데, 엄마가 미리 테두리 부분에 칼집을 내주면 아이들이 쉽게 파낼 수 있어요. 파낸 속은 버리지 말고 잘게 다져 다른 채소들과 함께 볶음밥에 넣으면 가지를 잘 먹게 된답니다. 요리도 재밌었지만 요리가 완성되고 자투리 가지를 잘라 배 모양으로 깃발을 만들고 꽂는 과정을 너무 재미있게 했어요. 한참을 장난감처럼 가지고 놀던 건희는 먹기에 좀 아깝다고 했지만 먹기 좋게 잘라서 주니 맛있게 잘 먹었지요. 평소에는 가지를 입에도 대지 않던 아이들이 가지 한개를 통째로 먹었어요!

가지 2개
밥 1공기
피망 1/4개
양파 1/4개
빨간 파프리카 1/4개
베이컨 2줄
피자치즈 1/2컵
케첩 4큰술
식용유 1큰술
소금·후춧가루·파슬리가루 약간씩
(*채소류는 선택 가능)

1 가지는 반으로 가른 뒤 테두리를 0.5cm 정도 남기고 속을 파내고 파낸 속은 잘게 다진다.

+ 가지 속을 팔 때 테두리에 칼집을 미리 내주면 아이들이 숟가락으로 파내기 쉬워요. 이때 바닥이 구멍나지 않도록 적당히 파내도록 주의를 주세요.

2 피망, 양파, 파프리카는 잘게 다지고 베이컨은 1cm 정도 너비로 썬다.

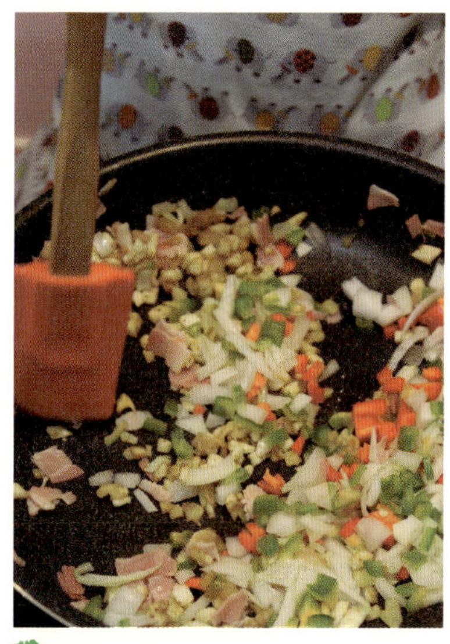

3 달군 팬에 기름을 두르고 준비한 채소와 베이컨을 넣어 볶는다.

가지 요리가 완성 되면 자투리 가지로 배 모양으로 꾸며보세요.

4 양파가 투명해질 정도로 볶아지면 밥을 넣고 케첩과 소금, 후춧가루를 넣어 섞어 볶는다.

5 그릇 모양으로 속을 파낸 가지에 볶음밥을 담는다.

+ 가지처럼 보라색을 가진 채소들에 들어 있는 몸에 좋은 성분인 안토시아닌 색소에 대해 이야기 해주세요.

6 밥 위에 피자치즈와 파슬리 가루를 뿌리고 프라이팬에 종이 호일을 깐 뒤 가지를 올리고 아주 약한 불에서 뚜껑을 덮고 10분 정도 구워 피자치즈가 녹으면 완성한다.

노란색 이불을 덮은 맛있는 볶음밥

오므라이스

이야기 요리

오므라이스는 한그릇 요리의 대표격이죠. 무엇보다 각종 채소를 듬뿍 먹일 수 있고 맛도 좋아서 우리집 단골 메뉴입니다. 특히 연희는 보들보들한 달걀 속에 넣은 볶음밥을 너무나 좋아해서 외식을 하게 되는 경우나 집에서 '뭐 해줄까?' 라고 물으면 항상 오므라이스를 해달라고 합니다. 재료 써는 방법을 알려주고 혼자서 썰게 했더니 집중해서 천천히 잘 썰었어요. 팬에 채소를 볶을 때에는 식용유를 넣었는지도 확인하고 제법 요리사다운 모습도 보였지요. 달걀 지단을 부친 다음 밥을 올려 덮는 과정은 조금 어려워서 살짝 도와줬더니 완벽한 오므라이스를 만들었답니다. 오므라이스 위를 케첩으로 장식 할 때는 마음대로 그려 보라고 했더니 어찌나 신나게 그리던지요. 비록 모양은 삐뚤빼뚤 예쁘지 않아도 스스로 만든 오므라이스라 그런지 다 완성하고나서의 뿌듯한 표정은 아직도 잊혀지지가 않네요.

밥 2공기
달걀 3개
당근 1/4개
피망 1/3개
비엔나 소시지 6개
양파 1/4
감자 1개
소금·후춧가루 약간씩
식용유 2큰술
케첩 적당량
(*채소류는 선택 가능)

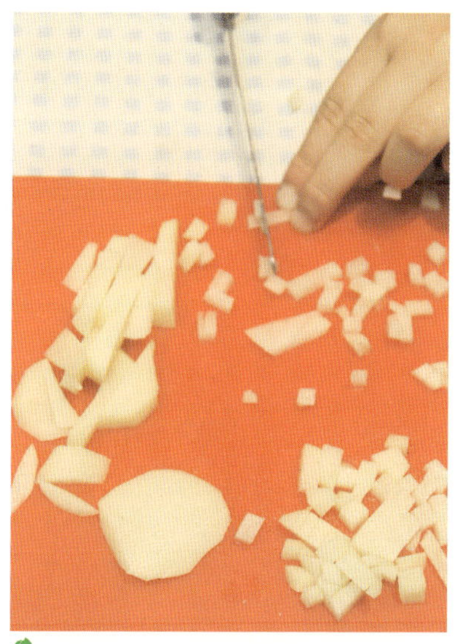

1 당근, 피망, 양파, 감자는 잘게 다지고 소시지는 동그란 모양을 살려서 썬다.

+ 재료를 썰면서 재료의 단면을 보여주고, 1/2, 1/4, 1/6 등 수의 개념도 언급해 주세요.

2 볼에 달걀과 소금, 후춧가루를 넣고 풀어 둔다.

3 달군 팬에 기름을 두르고 잘게 썬 채소와 소시지를 넣어 볶는다.

+ 기름의 촉감을 느껴보고 맛을 봅니다. 기름에 볶다, 튀기다 등의 의미도 알아봅니다.

4 채소가 다 익어갈 때 쯤 밥을 넣고 소금, 후춧가루로 간을 해서 볶은 뒤 따로 둔다.

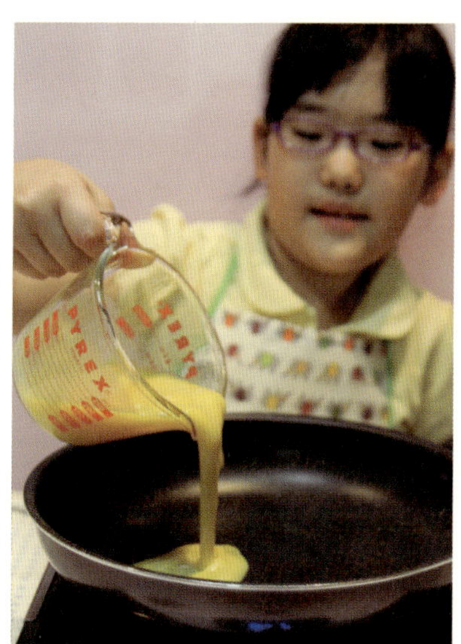

5 달군 팬에 기름을 살짝 두르고 키친타올로 한번 닦아 낸 뒤 풀어 둔 달걀을 두르고 약한 불에서 지단을 부친다.

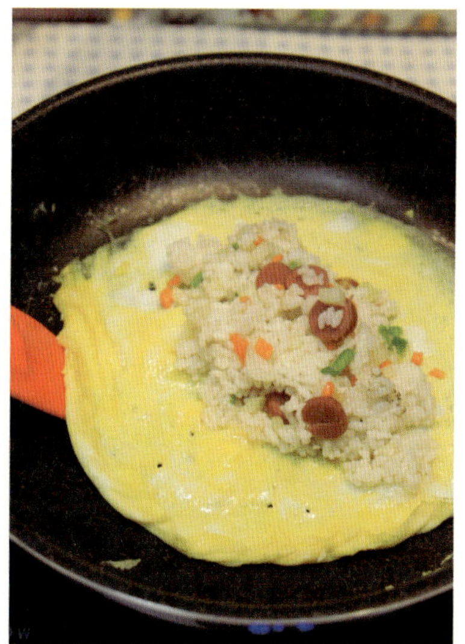

6 달걀이 거의 익어갈 때 쯤 가운데 부분에 밥을 올리고 달걀을 접어 그릇에 담고 케첩을 뿌린다.

케첩으로 달걀 위에 그리고 싶은 것을 마음껏 표현하게 하세요.

건강하게 싹싹, 비벼먹어요

나물비빔밥

이야기 요리

아이들은 나물 반찬을 따로 주면 잘 먹지 않지만 비벼서 주면 잘 먹어요. 그래서 전일부러 비빔밥을 자주 해서 먹입니다. 밥에 여러 가지 채소와 나물을 넣고, 고추장에 고기를 넣어 만든 약고추장을 넣고 비벼주면 맵지 않고 맛도 좋아 남김 없이 잘 먹지요. 콩나물을 삶을 때 다 익을 때까지 뚜껑을 열면 안된다고 했더니 열어보고 싶은 마음을 꾹 참고 잘 기다렸답니다. 고추장은 별로 좋아하지 않지만 고추장에 고기를 넣고 볶는다고 했더니 맛있겠다면서 안심하는 아이들. 고기를 볶다가 고추장과 꿀을 넣은 후 맛보더니 맵기는 하지만 고기가 들어가서 맛있다고 하더군요. 밥을 그릇에 담아 각자 채소를 골고루 담고 고추장까지 넣어 쓱쓱 맛있게 비벼 먹었답니다. 외국에서도 건강, 다이어트식으로 인기 좋은 우리나라의 전통음식 비빔밥을 자주 만들어보세요. 외국인들이 왜 비빔밥을 좋아하는지 아이들과 이야기 나누어 보세요.

밥 2공기
애호박 1/4개
콩나물 100g
당근 1/4개
표고버섯 3개
식용유·참기름·소금·후춧가루 약간씩

약고추장

다진소고기 50g
다진마늘 1작은술
고추장 3큰술
꿀 1큰술

1 애호박과 당근은 채 썰고 표고버섯은 밑동을 잘라내고 썬다. 콩나물은 씻어서 준비한다.

+ 비빔밥은 전주 비빔밥이 유명한데요, 육회를 올려 먹는 비빔밥에서 부터 돌솥비빔밥까지 들어가는 재료와 그릇의 모양에 따라 다양한 비빔밥의 종류가 있답니다. 우리나라 각 지역별로 유명한 음식에 대해서 알아보는 것도 좋겠네요.

2 콩나물은 물을 약간 넣고 뚜껑을 덮어 삶는다. 콩나물 익는 냄새가 나면 꺼내서 한김 식힌 뒤 소금, 참기름을 살짝 넣어 무친다.

3 달군 팬에 기름을 두르고 애호박을 볶다 부드럽게 볶아지면 소금을 넣어 간한다. 당근과 표고버섯도 같은 방법으로 볶아 식힌다.

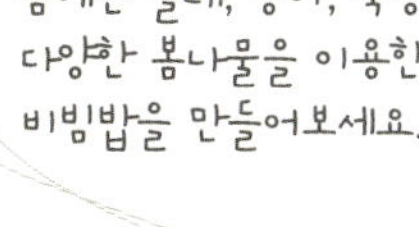

봄에는 달래, 냉이, 쑥 등 다양한 봄나물을 이용한 비빔밥을 만들어보세요.

4 팬에 기름을 살짝 두르고 다진 소고기와 다진마늘을 넣어 볶는다. 소고기가 거의 익어갈 때 쯤 고추장과 꿀을 넣고 보글보글 끓여 그릇에 담아낸다.

5 그릇에 밥을 담고 그 위에 준비한 나물들을 올린 뒤 약고추장을 넣어 완성한다.

+ 채소의 모양과 맛도 살펴보고 조리를 한 뒤 각각의 나물의 맛도 느껴봅니다.

간단하지만 맛은 최고

달걀토마토볶음밥

이야기 요리

바쁜 아침이지만 아이들에게 조금더 영양가 많고 든든한 밥을 먹여 보내고 싶은 것은 엄마들의 마음이죠. 아침밥을 먹어야 속도 든든하고 똑똑해지니까요. 아이들에게 아침에 먹기 편한 빵이나 시리얼 보다는 영양이 골고루 들어있는 밥을 먹는 것이 몸에 좋고 하루 종일 생활하고 공부하는데도 도움이 된다는 말을 해주니 진지하게 듣더군요. 달걀토마토볶음밥은 간단하고 맛과 영양도 좋아 제가 아침에 자주 해주는 메뉴랍니다. 스크램블을 처음 해 보는 아이들은 달걀물을 붓고 젓가락으로 휘젓는 게 어려워 보였던지 요리를 망치게 될까 걱정하더니 이내 잘 해냈어요. 만드는 방법이 간단하다며 다음에 스크램블을 만들 때는 꼭 자기를 부르라며 엄마, 아빠에게 만들어주겠다는 약속도 했답니다.

잡곡밥 2공기
방울토마토 20개
달걀 2개
새우살 50g
식용유 1큰술
소금·후춧가루 약간씩

1 방울토마토는 씻어서 꼭지를 따고 반으로 자른다. 새우살은 옅은 소금물에 흔들어 씻는다.

+ 토마토에 들어 있는 라이코펜 성분은 항암작용과 면역력을 키우는데 도움을 주는 영양소입니다. 라이코펜은 기름에 살짝 볶아 익히면 몸에 흡수가 잘 되기 때문에 볶음밥에 토마토를 넣으면 좋답니다.

2 달걀은 미리 소금을 넣고 풀어 준 다음 달군 팬에 기름을 약간만 두르고 달걀을 넣어 반쯤 익으면 젓가락으로 휘저어 스크램블을 만들고 그릇에 담아둔다.

3 달군 팬에 기름을 두르고 새우살을 넣어 볶다 익어갈 때 쯤 방울 토마토를 넣어 살짝만 볶는다.

+ 방울토마토는 오래 익히면 터져서 지저분해지므로 살짝만 볶아주세요.

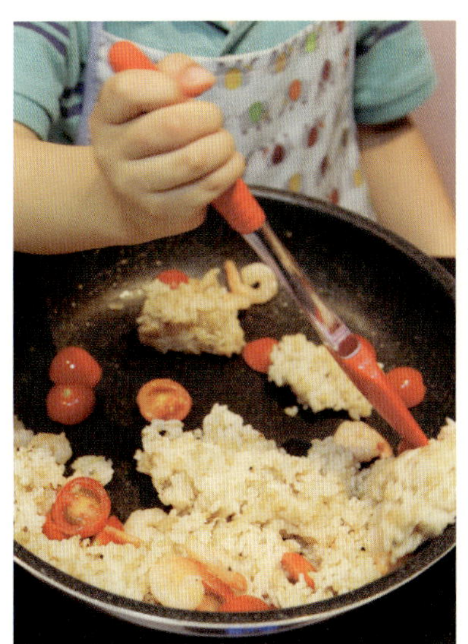

4 **3**에 밥을 넣고 섞으면서 소금, 후춧가루로 간해 볶는다.

5 밥이 골고루 섞이면 미리 만들어 둔 **2**의 스크램블을 넣고 한번 더 섞어 완성한다.

밥이 부담스러울 때에는 밥을 빼고 볶은 다음 식빵에 곁들여 먹어도 좋아요.

전기밥솥으로 떡을 만들어요

건과일약식

이야기 요리

약식은 찹쌀을 쪄서 만드는 우리나라 전통음식으로 예로부터 정월 대보름날이나 결혼식 등 중요한 행사에 먹던 고급 음식입니다. 요즘엔 전기밥솥을 이용해서 집에서도 쉽게 만들 수 있어요. 말린 과일을 넣어 달콤하고 과일향이 나서 아이들이 좋아하지요. 명절이나 어르신들 생신에 케이크 모양으로 만들어도 좋아요. 약식에 들어갈 밤, 잣, 대추, 곶감, 건포도, 건크랜베리 등 견과류와 건과일이 어떤 것인지 알아보았는데 그 동안 아이들은 포도, 감, 크랜베리 등을 말린 것이 건포도, 곶감, 건크랜베리 라는 것을 이제야 알았다고 하더군요. 맛도 더 단 것 같다면서 말이지요. 밥은 일반 멥쌀이고, 약식은 찰기가 많은 찹쌀로 만들어야 서로 강하게 달라붙어 모양내기가 좋다는 이야기를 해주었어요. 전기 밥솥에 모든 재료를 넣고 섞어 버튼만 누르니 약식이 금새 만들어졌지요. 아이들은 전기밥솥이 뚝딱 밥도 만들고 약식도 만든다며 요술냄비 같이 신기하답니다.

찹쌀 2컵
물 1.5컵, 간장 2큰술
흑설탕 2큰술, 설탕 4~5큰술
참기름 2큰술, 계피가루 약간

부재료
건포도 2큰술
건크랜베리 2큰술
곶감 2개, 잣 1큰술
밤 10알, 대추 5알
(*재료는 선택 가능)

1 찹쌀은 씻어서 미리 4~5시간동안 충분히 불린 뒤 체에 받쳐 물기를 뺀다.

2 곶감은 꼭지를 따고 6등분 하고 씨가 있다면 제거한다. 밤은 껍질을 까서 4등분 하고 대추는 돌려깍기 해서 씨를 빼고 채썬다.

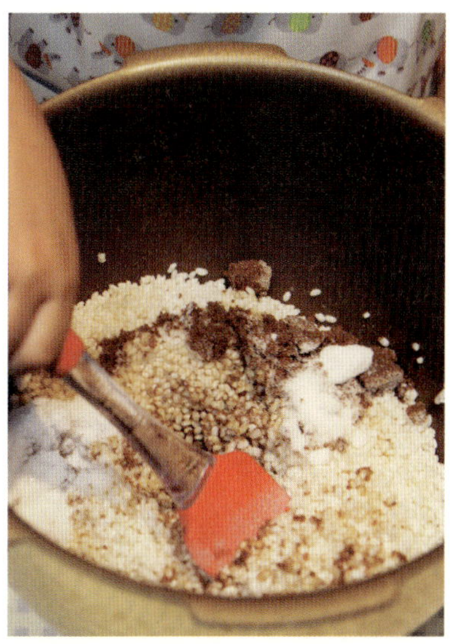

3 전기밥솥에 불린 쌀을 넣고 간장, 흑설탕, 설탕을 넣고 한번 섞어 설탕을 녹인다.

+ 옛날에는 약식을 만들 때 찜통에 쪄서 시간도 들고 손도 많이 갔지만 요즘엔 전기밥솥을 이용해서 쉽게 만들 수 있어요.

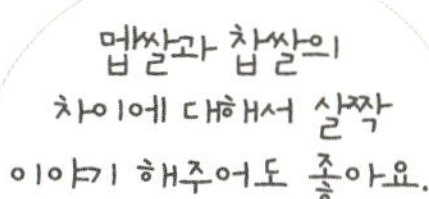

멥쌀과 찹쌀의 차이에 대해서 살짝 이야기 해주어도 좋아요.

4 설탕이 녹으면 참기름, 계피가루와 나머지 부재료를 넣고 물을 부은 뒤 밥을 짓는다.

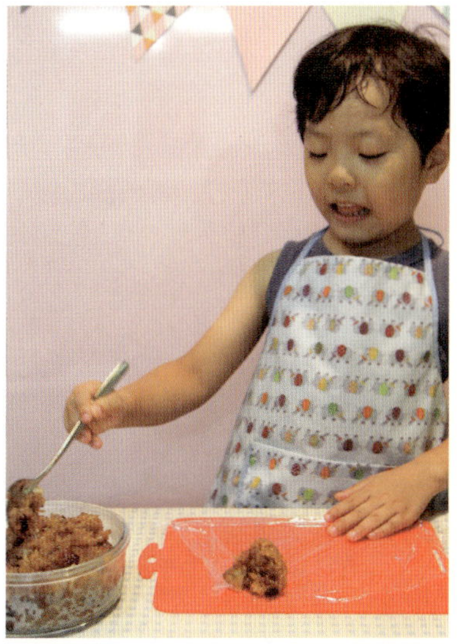

5 밥이 다 되면 주걱으로 잘 섞어 한김 식히고 먹기 좋은 크기로 떼어 낸 뒤 손으로 동그란 모양을 만든다.

+ 동그란 모양을 내기 힘들 때는 랩으로 약식을 감싸 모양을 내면 손에 달라붙지 않고 한결 편해요. 모양틀을 이용해서 아이들이 만들고 싶은 모양으로 해도 좋아요.

밥으로 덮은 맛있는 버거

구운밥버거

이야기 요리

밥으로 버거를 만드는 깜짝 놀랄요리랍니다. 영양 많은 흑미밥을 동그랗게 구워 빵처럼 만들고 각종 버거 재료를 층층이 올려주면 빵보다 더 맛있고 건강한 구운밥 버거가 된답니다. 알러지 때문에 밀가루를 먹지 못하는 아이들에게는 반가운 요리지요. 평소 색깔 때문에 흑미밥을 거부하던 아이들에게 흑미 쌀과 흰쌀을 비교해서 보여주고 흑미쌀을 섞어서 밥을 지으면 밥의 전체적인 색이 변하고 영양가가 더 좋아진다는 이야기를 해주었지요. 또 밥을 동그랗게 뭉친 다음 팬에 올려 구우면 겉이 바삭하게 구워져 잘 부서지지 않아서 빵의 역할을 대신 할 수 있다는 이야기도요. 새싹 채소는 씁쓸한 맛이 나 평소에는 잘 먹지 않는데 밥버거 사이에 넣어 주니 씁쓸한 맛이 줄어들어 잘 먹는답니다. 밥 위에 재료를 올리는 건 아이들에게는 조금 어려울 수 있지만 탑쌓기 놀이처럼 재미있게 유도하면 게임하듯 잘 만든답니다.

흑미밥 2공기
슬라이스햄 2장
슬라이스 치즈 2장
토마토 1개
오이 1/3개
새싹 채소 20g
마요네즈 2큰술
식용유·소금 약간씩

1 흑미밥에 소금을 약간 넣고 잘 섞은 다음 동글 납작한 모양으로 만든다.

+ 흑미쌀은 검은 색을 띈 쌀로 그냥 쌀과 맛과 색에서 어떤 차이가 있는지 알아보세요.

2 달군 팬에 기름을 두르고 키친타올로 닦아낸 다음 **1**의 밥을 올리고 약한 불에서 노릇하게 앞뒤로 구워낸다.

+ 밥을 팬에 구우면 바삭한 누룽지가 만들어 진다는 것에 대해 알아봅니다.

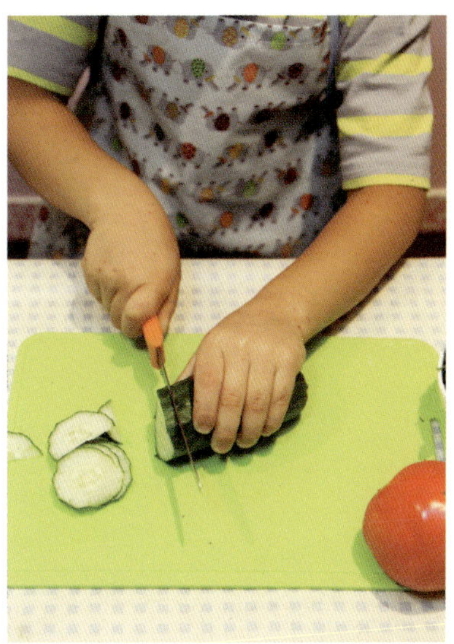

3 오이와 토마토는 동그란 모양을 살려 썰고 새싹 채소는 씻어서 물기를 뺀다.

4 구운 밥의 한쪽면에 마요네즈를 골고루 펴 바른다.

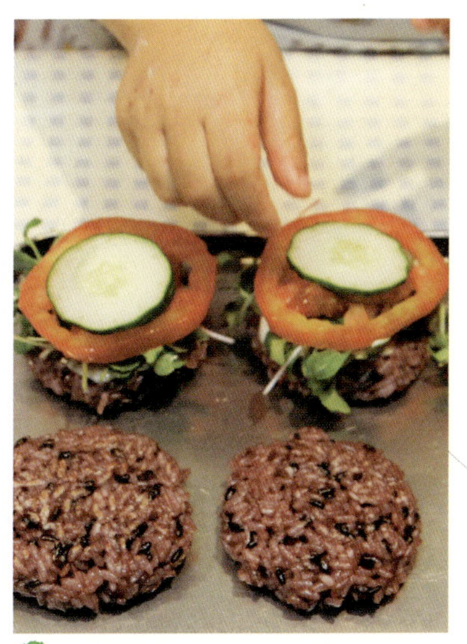

5 마요네즈를 바른 밥 위에 새싹채소 → 토마토 → 오이 → 슬라이스햄 → 슬라이스 치즈 순으로 올린 다음 다시 마요네즈를 한쪽 면에 바른 밥을 얹어 완성한다.

밥 위에 재료를 올릴 때 쓰러지지 않도록 안정적으로 쌓는 방법에 대해 생각해 보게 하세요.

김밥으로 우리동네 신호등을 만들어볼까

신호등김밥

이야기 요리

소풍의 단골 메뉴인 김밥은 아이들이 좋아하지요. 김밥은 여러 가지 속재료가 들어가서 아이들이 단단하게 마는 게 힘들지만, 신호등 김밥은 시금치, 당근, 달걀만으로 만들어 말기도 쉽고 신호등 색을 표현하는 재미있는 김밥이랍니다. 신호등 김밥을 싸면서 아이들과 함께 신호등의 색에 따른 규칙과 안전수칙에 대해서 이야기 나누었어요. 유치원생 건희는 신호등에 대해서 유치원에서 배운대로 잘 이해하며 즐거워했어요. 아이들은 햄이나 단무지 없이 과연 맛있는 김밥이 만들어질지 고민하더니 각각의 재료를 넣고 돌돌 말 때는 재미있어 했어요. 각 색으로 김밥을 돌돌 말고 작게 썰어서 하나씩 꼬치에 꽂을 때는 다른 김밥에서는 볼 수 없었던 모습이라서 더욱 신나했지요. 김밥을 꼬치에 꽂고 나니 정말 신호등처럼 생긴 김밥이 완성되었고 아이들은 하나씩 손에 들고 먹으면서 즐거워 했답니다.

구운김 4장
밥 3공기
시금치 50g
(다진마늘 1/2작은술, 참기름 1작은술, 소금 약간)
달걀 2개, 당근 1/2개
참기름 1큰술
소금·후춧가루·식용유 약간씩

도구
꼬치

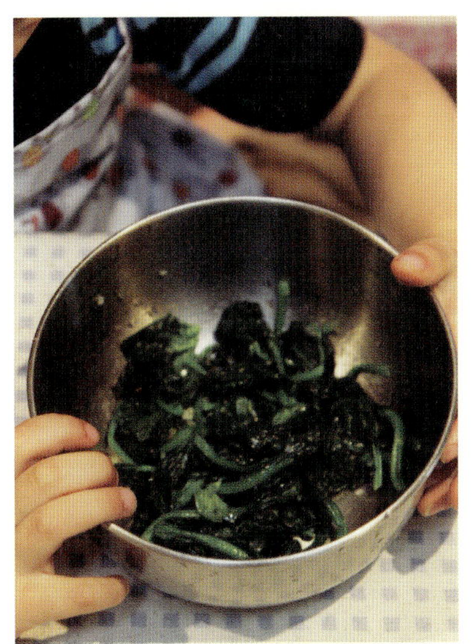

1 깨끗이 씻은 시금치는 끓는 물에 소금을 약간 넣고 살짝 데친 다음 찬물에 헹궈 물기를 꼭 짜고 다진마늘, 소금, 참기름을 넣고 무친다.

2 달걀은 알끈을 제거하고 소금을 약간 넣어 잘 풀어준다. 달군 팬에 기름을 두르고 달걀을 올려 도톰한 지단을 만든 뒤 한김 식혀 1~2cm 정도로 썬다.

3 당근은 채 썰어 달군 팬에 기름을 두른 뒤 소금을 약간 넣고 볶아 식힌다.

여러 가지 교통 신호, 신호등의 색에 따른 규칙에 대해 이야기 나눠요.

4 밥에 참기름과 소금을 넣고 잘 버무려 양념을 하고 구운 김을 4등분 한다.

5 구운김에 끝부분에 1cm 정도만 남기고 양념한 밥을 얇게 펴고 한쪽 끝에 각각 시금치, 달걀지단, 당근 한 가지 재료만 올린 뒤 돌돌 말아 김밥을 만든다.

+ 김밥을 만들 모든 재료가 있어야 하는 건 아니라 생략하거나 비슷한 재료로 응용할 수 있다는 이야기를 나누는 것도 좋겠지요.

6 만든 김밥은 한입 크기로 썰고 꼬치에 빨강 → 노랑 → 초록 순서로 꽂는다.

+ 꼬치에 김밥을 끼울 때 찔릴 염려가 있으니 조심하세요.

한손으로 들고 먹는 꼬마김밥

꼬마김밥

이야기 요리

언젠가 아이들과 TV를 보는데 마약김밥이라는 것이 나왔어요. 아이들은 이상한 김밥이라면서 먹어도 되는건지 궁금해했지요. 그래서 한번 먹으면 너무 맛있어서 자꾸 먹고 싶어서 마약김밥이라고 부른다고 얘기 해주었어요. 더불어 엄마가 어렸을 적에 많이 먹었던 김밥이라고 했더니 아이들에게는 더욱 정감이 갔나봅니다. 시금치, 당근, 단무지등 간단한 재료만 몇개 준비해서 손질하고 조심하는 모습이 제법 어른스러웠어요. 구운 김에 밥을 펴고 속을 올리고 말 때 속재료를 너무 많이 넣으면 김밥이 잘 말리지도 않고 여기저기 터지니 너무 많이 넣지 말고 적당히 넣는 게 더 맛있고 잘 만들어진다는 엄마의 이야기를 듣고 열심히 만들었지요. 아이들은 자기가 만든 것을 맛보면서 햄도 안들어갔는데 너무 맛있다면서 다음에도 또 먹고 싶은 김밥이 될 것 같다고 했답니다.

구운김 8장
밥 3공기
시금치 50g, 단무지 8줄
당근 1/3개, 어묵 100g
식용유 1큰술
참기름·소금·참깨 적당량

밥 양념
참기름 1큰술
소금·참깨 약간씩

시금치 양념
다진마늘 1/2작은술
참기름 1작은술, 소금 약간

1 시금치는 다듬어서 씻은 다음 끓는 물에 소금을 약간 넣고 데친다. 데친 시금치는 찬물에 헹궈 물기를 꼭 짜고 다진마늘, 소금, 참기름을 넣고 무친다.

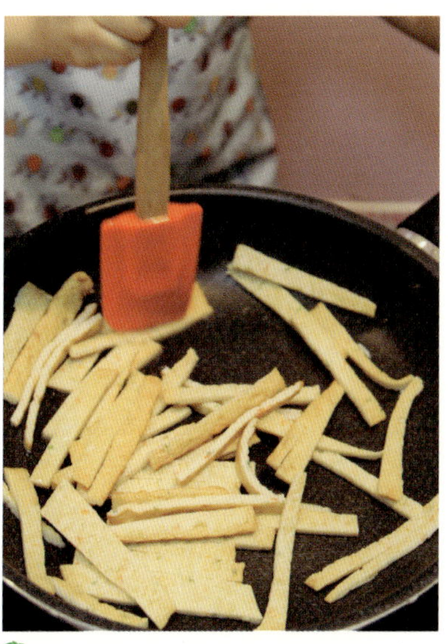

2 어묵은 얇게 채썰어서 기름을 살짝 두른 팬에 볶아 둔다. 단무지는 체에 받쳐 물기를 빼고 길이로 반을 자른 뒤 두께는 반을 자른다.

3 당근은 얇게 채썰어서 기름을 두른 팬에 소금을 약간 넣고 볶아 둔다.

엄마, 아빠가 어렸을 적 먹었던
맛있는 음식에 대해서
이야기해 봅니다.

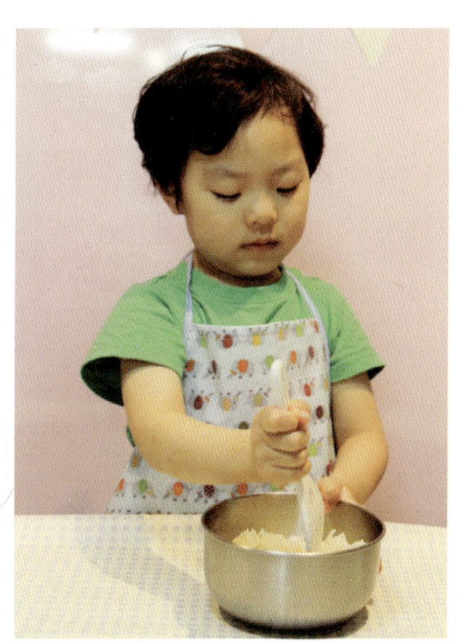

4 따뜻한 밥에 소금, 참기름을 넣고 버무려 양념을 하고 구운김은 4등분 한다

5 김 위에 밥을 얇게 펴고 시금치, 어묵, 단무지, 당근을 넣고 돌돌 말아준다. 다된 김밥 윗부분은 붓으로 참기름을 바르고 참깨를 살짝 뿌린다.

+ 재료가 너무 두꺼우면 김밥이 잘 말리지 않아요. 적당히 넣어 말아주세요.

귀여운게 맛도 좋아

삼각김밥

이야기 요리

삼각 김밥은 재료는 간단하지만 밥에 호두와 소고기를 듬뿍 넣어 고소하고 영양가가 높아 한끼 식사로도 손색없답니다. 엄마가 미리 다져준 소고기를 양념한 뒤 볶는 과정에서 아이들은 이제 불과도 익숙해져서 차분하게 잘 볶았답니다. 연희는 고기가 익으면서 색도 변하고 맛도 변하는 것에 대해 궁금해 해서 고기의 단백질은 열을 가하면 색도 변하고 크기도 줄어 든 다는 것에 대해 알려주었지요. 삼각김밥 틀에 밥을 넣고 속을 넣어 주먹밥을 만드는 과정은 가르쳐 주지 않아도 스스로 잘 했답니다. 오히려 소고기 볶음을 많이 넣어야 더 맛있다면서 엄마에게 가르쳐주었지요. 완성된 주먹밥에 눈, 코, 입 등을 붙이자 귀여운 삼각김밥이 완성 되었어요.

밥 2공기
다진소고기 100g
호두 3쪽
참기름 1큰술, 구운김 1장
소금 1/2작은술 정도

소고기 양념
간장 1큰술
다진마늘 1/2작은술
설탕 1 작은술, 후춧가루 약간

도구
삼각김밥 틀

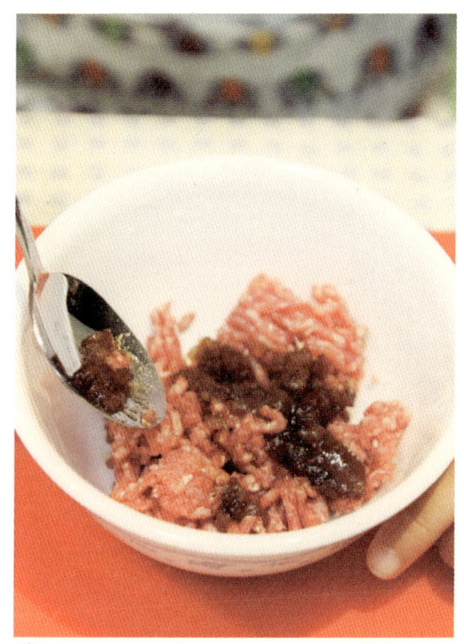

1 소고기는 다진 것으로 준비해서 분량의 양념을 넣고 버무려 둔다. 호두는 잘게 다진다.

2 달군 팬에 기름을 두르고 **1**의 양념한 소고기를 볶다가 어느 정도 익으면 다진 호두를 넣고 국물이 없도록 바싹 볶아 낸다.

+ 소고기 볶을 때 표고버섯이나 양파 등 채소나 버섯을 잘게 다져 함께 볶아도 좋아요.

3 구운김은 5×10cm 정도의 길이로 4장을 만들어 두고 남은 김은 동그랗게 잘라 눈을 만든다.

+ 김을 가위로 자르고 눈, 코, 입 등을 꾸미는 창의적 활동을 해봅니다.

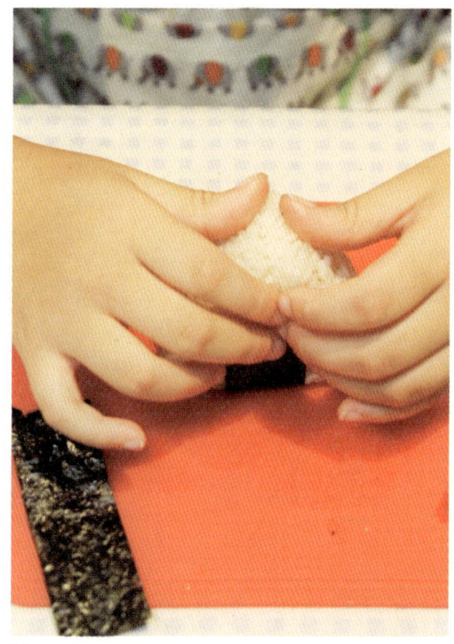

4 따뜻한 밥에 소금과 참기름을 넣고 버무려 밑간을 한다.

5 삼각김밥 틀에 1/3정도 되게 밥을 깔고 그 가운데에 볶은 소고기를 넣은 뒤 다시 밥을 얹어 삼각김밥을 만든다.

6 삼각김밥의 아랫부분에 자른 김을 붙이고 눈, 코 등을 붙여 꾸민다.

+ 주먹밥 모양을 만들면서 입체적인 도형 이야기를 나누어 보세요.

폭탄 주먹밥이 터지면 무엇이 나올까

폭탄주먹밥

이야기 요리

폭탄 주먹밥은 폭탄 모양 같이 생겨서 아이들에게 재미와 흥미를 주는 요리랍니다. 폭탄 이름에 걸맞게 속에는 살짝 매콤한 고추참치를 넣어 입에서도 폭탄이 터지는 기분을 느낄 수 있답니다. 건희는 참치를 고추장에 볶을 때 매울까봐 실망하더니 직접 맛을 보고는 생각보다 맵지 않아 밥에 비벼먹고 싶다고 했지요. 밥 속에 볶은 참치를 넣고 동그랗게 뭉칠 때 아이들은 찰흙놀이처럼 재미있어 했어요. 만든 주먹밥을 잘게 부순 김가루에 굴리자 정말 만화에서 보던 폭탄처럼 변하는 모습에 재미있어 했지요. 주먹밥 위에 튀겨놓은 당면까지 꽂아주니 당장이라도 터질 것 같은 폭탄 주먹밥이 되었답니다. 폭탄이 터진다고 재미있어 놀다가 한 입 먹어보더니 진짜 입에서 폭탄이 터진 것 처럼 조금 맵긴 하지만 아주 맛있는 주먹밥이라고 했어요.

밥 2공기
(밥양념:소금·참깨·참기름 약간씩)
김가루 1컵
식용유 약간씩
당면 약간(생략 가능)

매운 참치 재료
참치통조림 1캔
양파 1/4개, 옥수수알 4큰술
피망 1/4개, 고추장 1큰술
케첩 2큰술, 물엿 1큰술
후춧가루 약간

1 양파, 피망은 잘게 다지고 참치 통조림은 체에 받쳐 기름기를 뺀다.

2 달군 팬에 기름을 두르고 양파, 피망, 옥수수를 넣어 볶는다. 양파가 투명해지면 기름기를 뺀 참치와 고추장, 케첩, 물엿, 후춧가루를 넣고 걸쭉하게 볶아 식힌다.

3 밥은 밥양념을 넣고 섞어 밑간하고 당면은 5cm 정도의 길이로 잘라 넉넉한 기름에 튀기듯이 익혀 부풀어 오르면 꺼내둔다.

매운 참치 볶음은
따뜻한 밥 위에 얹어서 덮밥으로
만들어 먹어도 맛있어요.

4 밥은 한웅큼 쥐어 동글 납작하게 한 뒤 가운데 부분에 볶은 참치를 한 수저 떠 넣은 뒤 밥을 오므려 주먹밥을 만든다.

+ 매운 것을 잘 못먹는 아이들에게는 고추장 양을 줄이고 매운 것을 잘 먹는 아이들에게는 김치를 잘게 썰어서 함께 볶아서 만들어도 좋아요.

5 김가루에 완성된 주먹밥을 굴려 까만 폭탄 모양을 만들고 윗부분에 튀긴 당면을 꽂는다.

+ 김가루는 김을 마른팬 위에 올려 구운 뒤 위생봉지에 넣고 잘게 부숴 만듭니다.

내맘대로 꾸미는 동물모양 주먹밥

동물주먹밥

이야기 요리

우리집 아이들은 체험학습, 현장학습 등 소풍갈 때 김밥대신 주먹밥을 예쁘게 싸달라고 주문한답니다. 먹기에도 편하고 예쁘게 싼 도시락을 친구들에게 자랑도 하고 싶다고 했지요. 주먹밥 중에서도 아이들에게 제일 인기 좋은 주먹밥은 귀여운 동물모양 주먹밥이예요. 동물 모양 주먹밥 틀로 만드니 방법도 쉽고 간단해요. 동물 모양을 장식할 때는 아이들이 충분히 즐길 수 있도록 시간을 허락해 주세요. 토끼나 병아리는 노란색이었으면 좋겠다는 아이의 말에 단호박 가루를 이용해서 밥에 색을 들여 즉석에서 노란밥을 만들자 엄마는 마법사 같다면서 칭찬해주었어요. 동물모양 주먹밥에 햄과 치즈, 김 등을 이용해서 꾸미는 시간에는 모양 깍지와 가위 등으로 아이들이 좋아하는 모양을 찍어 밥 위에 올려 완성했어요. 작고 귀여운 동물 모양 주먹밥을 아까워서 먹지 못하고 한참을 놀다가 나중에는 배가 고파서 맛있게 먹었답니다.

밥 2공기
구운김 1장
슬라이스 치즈 1장
슬라이스 햄 1장
소금1/3작은술
참기름1큰술

멸치볶음
잔멸치 50g
다진호두 2큰술
간장·설탕 1작은술
물엿 1큰술
식용유 1/2큰술
참깨 약간

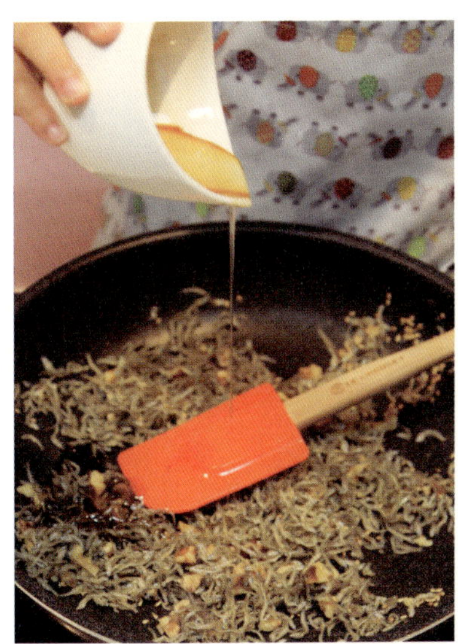

1 마른 팬에 잔멸치를 넣어 약한불에서 살짝 볶다 기름을 넣고 다진호두, 간장, 설탕, 물엿을 넣어 국물 없이 볶은 다음 불을 끄고 참깨를 뿌려 둔다.

2 따뜻한 밥에 분량의 소금과 참기름을 넣고 버무려 밑간 한다.

+ 단호박가루, 쑥가루, 딸기가루 등의 천연 색소를 이용해서 밥에 색을 들여 사용하면 훨씬 더 예쁜 주먹밥을 만들 수 있어요.

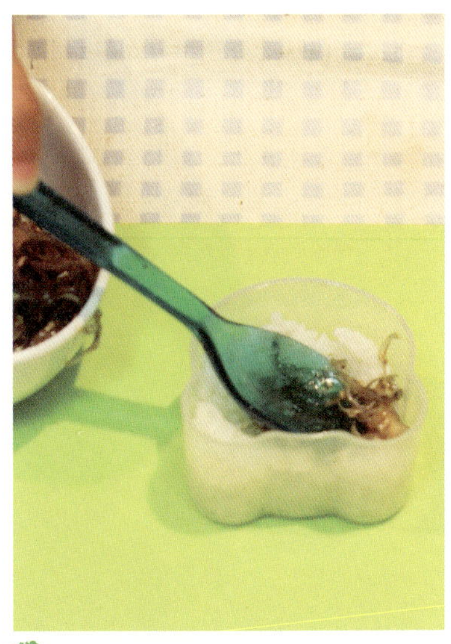

3 주먹밥틀에 1/3정도 되도록 밥을 깔고 가운데 부분에 볶은 멸치를 넣은 뒤 다시 밥으로 덮어 주먹밥을 만든다.

+ 주먹밥 틀 대신에 아이들이 직접 손으로 동물 모양을 만들어 표현하는 활동도 좋아요.

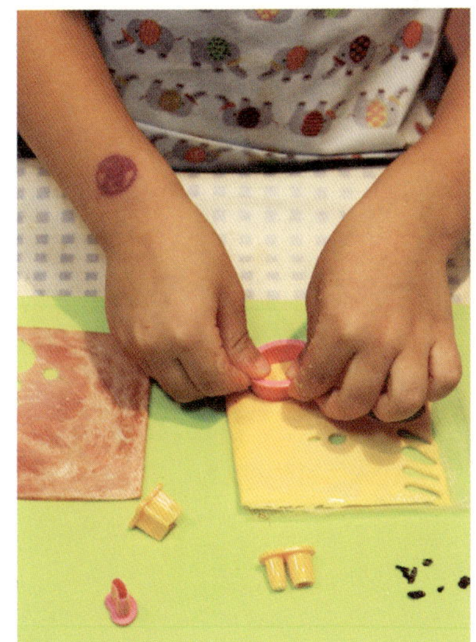

4 구운 김을 눈, 입 모양으로 자르거나 김펀치로 모양을 찍는다. 슬라이스 햄과 치즈도 꽃모양깍지나 동그란 모양깍지로 찍어 둔다.

5 다 만들어진 주먹밥에 김, 치즈, 햄으로 눈, 날개 등을 표현해 꾸민다.

+ 김과 햄, 치즈 등으로 다양한 얼굴 표정(웃는 얼굴, 찡그린 얼굴, 우는 얼굴 등)을 표현해 보세요.

멸치 볶음이 없을 때에는 비빔가루(후리가케)를 이용해서 밥을 양념하고 꾸며도 좋아요.

컵속에 층층이 쌓은 초밥

컵초밥

이야기 요리

컵초밥은 요즘 파티요리에서 많이 볼 수 있는 음식이에요. 초밥 양념을 한 밥과 여러 가지 재료를 투명한 컵속에 층층이 쌓으면 알록달록 예쁜 모양에 맛도 좋아서 어른, 아이들 모두 좋아하는 인기 메뉴예요. 아이들 생일 파티때 특별한 밥 요리가 필요하다면 아이들 앞에 각자 컵초밥을 하나씩 놓아주세요. 밥먹기 싫어하는 아이들도 한컵 뚝딱 먹는답니다. 연희는 친구 생일 파티에 초대 되어 먹어 본적이 있었는데 너무 맛있어서 다시 한번 먹어보고 싶었다고 했지요. 컵에 담을 때 연희에게 직접 넣어 보도록 했더니 어떤 색이 들어가야 예쁠지 생각하면서 차근차근 잘 담더군요. 컵 초밥이 완성되자 연희는 본인이 만든 것 같지 않게 너무 예뻐서 먹기에 아깝다고 할 정도였답니다. 컵 초밥을 뒤집어서 밥을 꺼내면 케이크처럼 만들 수도 있다고 얘기해 주니 다음에는 커다란 케이크 초밥을 만들어서 온가족이 함께 먹자고 했답니다.

밥 2공기
오이 1/3개, 달걀 2개
표고버섯 2개
게맛살 50g, 새우살 50g
무순·소금 약간
식용유 약간

표고버섯 양념
간장 1/2큰술
설탕 1/2작은술
다진마늘 약간

초밥 양념
식초 3큰술, 설탕 1큰술
소금 2작은술

1 따뜻한 밥에 분량의 초밥 양념을 넣고 잘 섞어 둔다.

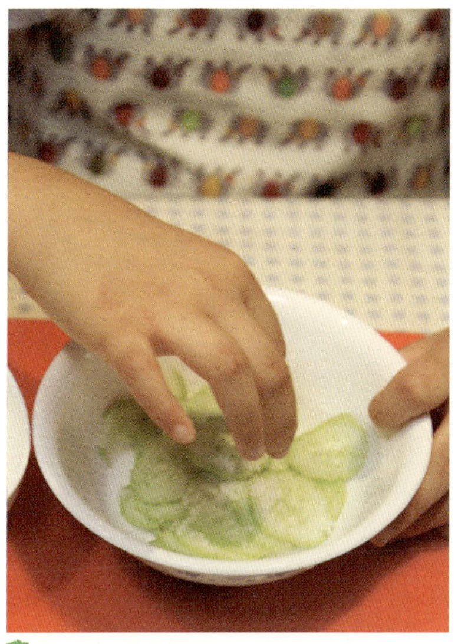

2 오이는 동그란 모양을 살려 얇게 썬 다음 소금 1/2작은술을 넣고 절인다. 절인 오이는 찬물에 한번 헹구고 물기를 꼭 짜 준비한다.

3 표고버섯은 밑동을 잘라 썬 다음 분량의 양념에 버무려 팬에 기름을 두르고 볶아 낸다.

4 새우살은 끓는 물에 데쳐 준비하고 게맛살은 적당히 잘라 잘게 찢어 둔다. 무순은 씻어 준비한다. 달걀은 얇게 지단을 부친 다음 곱게 채썬다.

5 투명한 컵에 먼저 밥을 담고 수저 등을 이용해서 평평하게 한 다음 그 위에 오이 → 밥 → 표고버섯 → 밥 → 맛살 → 밥 순으로 담는다.

\+ 밥과 재료들을 아이가 원하는 순서로 담게 해도 좋아요.

6 컵에 밥이 거의 다 담기면 달걀지단과 새우살, 무순을 예쁘게 올려 완성한다.

\+ 커다란 그릇에 밥과 재료를 순서대로 담고 뒤집으면 초밥케이크도 만들 수 있어요.

새우가 올라간 색색이 예쁜밥

삼색주먹초밥

이야기 요리

주먹초밥은 야외로 놀러갈 때나 아이들 소풍갈 때 간편하게 싸주면 좋은 도시락 메뉴중 하나입니다. 천연재료로 색을 내고 초밥 양념으로 맛을 낸 주먹 초밥은 더 맛있답니다. 여러 재료의 색을 이용해서 알록달록하고 한입에 쏙 들어가는 동글동글 주먹밥이 보기에도 좋고 탱글탱글하게 씹히는 새우의 맛까지 더해져 아이들에게 인기 만점이지요. 초밥 양념에 들어가는 재료들을 섞어서 맛보게 했더니 너무 시어서 못먹겠다고 했지만 밥에 넣고 섞어 주니 밖에서 사먹던 그 초밥 맛이 난다며 신기해 했어요. 밥에 식초를 넣으면 맛도 좋아지지만 쉽게 상하지 않아서 밥을 오랫동안 보관하는데도 도움이 된다는 이야기를 해주니, 연희는 "아, 그래서 소풍 때 초밥을 많이 싸가는 거구나!" 하더군요. 브로콜리, 당근, 달걀을 잘게 다질 때는 조심하면서 최대한 작게 썰며 집중해서 잘 다졌어요. 각각의 재료를 밥에 섞고 예쁜 색의 밥으로 변신하는 것을 보더니 이런 생각을 해 낸 엄마를 칭찬하고 싶다고 했답니다.

밥 2공기
당근 30g
데친 브로콜리 30g
삶은 달걀 1개
새우 10마리 정도

초밥 양념
식초 3큰술
설탕 1큰술
소금 2작은술

1 식초와 설탕, 소금을 한데 섞은 뒤 전자레인지에 30초 정도 돌려 설탕을 완전히 녹인다.

+ 초밥 양념은 미리 넉넉히 만들어서 냉장 보관했다가 초밥이나 주먹밥 만들 때 사용하면 좋아요.

2 당근, 데친 브로콜리, 삶은 달걀의 노른자는 각각 잘게 다져 준비한다.

+ 채소가 가지고 있는 색에 대해서 이야기를 나누어 보는 것도 좋겠네요.

3 새우는 끓는 물에 데쳐서 머리와 껍질을 제거한 뒤 **1**의 초밥 양념을 2큰술 정도 넣어 양념이 베이도록 재운다.

+ 새우에는 양질의 단백질과 칼슘, 무기질, 비타민 B 등이 풍부하고 식품으로 꼭 섭취해야 하는 필수아미노산이 들어 있는 좋은 식품이라는 이야기를 나누세요.

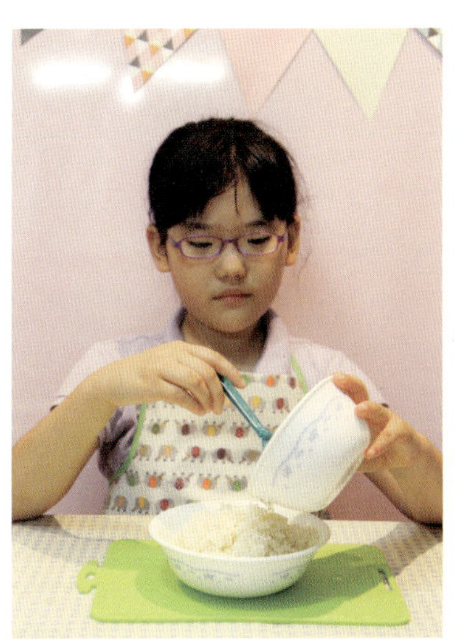

4 따뜻한 밥에 **1**의 초밥 양념을 넣고 주걱을 세워서 잘 섞어 준다.

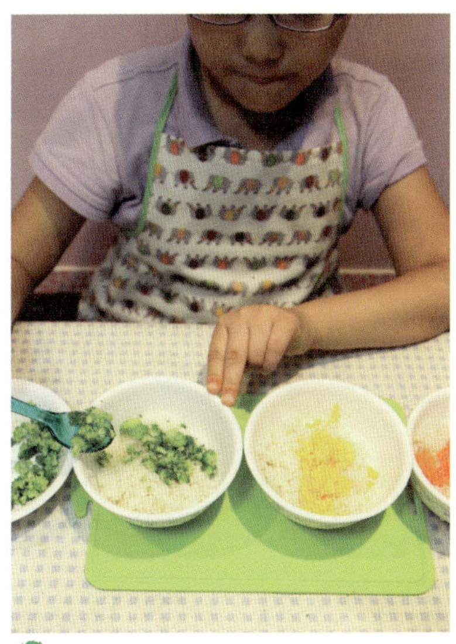

5 양념한 밥을 3그릇으로 나누어 각각 당근, 브로콜리, 달걀 노른자를 넣고 섞어 색을 낸다.

6 밥을 한입 크기로 떼어 그 위에 양념에 재운 새우를 올리고 랩으로 감싸 동그란 모양을 낸 뒤 잠시 두어 고정시켰다가 랩을 벗겨낸다.

날치알은 톡톡, 달걀은 폭신

날치알달걀초밥

이야기 요리

달걀 초밥은 평소 반찬으로 먹는 달걀말이를 이용해서 폭신폭신 하면서도 부드럽고 달콤해서 아이들이 좋아하는 초밥중에 하나입니다. 특히 초밥에 날치알을 넣어 입안에서 톡톡 터져 식감도 좋아요. 달걀을 체에 내릴 때 아이들이 궁금해 해서 달걀을 체에 내리면 알끈도 걸러지고 달걀 사이에 공기가 들어가서 더 부드럽고 폭신한 달걀말이가 된다고 알려주었지요. 달걀말이가 생각보다 어렵다고 해서 엄마가 조금 도와주었어요. 완성된 달걀말이를 먹고 싶었지만 달걀초밥을 만들기 위해서 아이들은 잠시 기다리는 미덕도 발휘했지요. 밥에 브로콜리를 잘게 다져 넣어 색도 예쁘고 영양도 더 많아졌답니다. 주먹밥을 만들고 달걀말이를 올리자 근사한 초밥이 완성되었어요. 완성된 초밥을 구운김으로 감싸 아이들이 먹기 편하게 해주었더니 손으로 맛있게 집어 먹었어요.

밥 2공기
날치알 3큰술
브로콜리 50g
김1장
식용유 1/2큰술

달걀말이

달걀 3개
맛술 2큰술, 설탕 1큰술
소금 약간

초밥 양념

식초 3큰술, 설탕 1큰술
소금 2작은술

1 볼에 달걀과 맛술, 소금, 설탕을 넣고 곱게 풀어준 다음 체에 내려 알끈을 제거한다.

2 달군 팬에 기름을 두르고 키친타올로 닦아 내 다음 불을 약하게 올려 **1**의 달걀물을 올리고 돌돌 말아 달걀말이를 만든다.

+ 달걀말이할 때는 약한 불에서 만들어요.

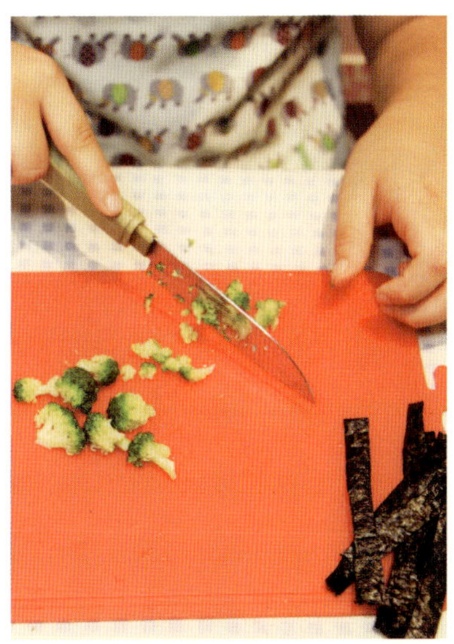

3 데친 브로콜리는 잘게 다지고 김은 1cm 정도의 넓이로 길게 잘라 끈을 만든다. **2**의 달걀말이도 1~2cm 정도의 두께로 썰어 놓는다.

4 볼에 따뜻한 밥과 초밥 양념을 넣고 양념이 잘 베이도록 섞은 다음 날치알, 다진 브로콜리를 넣어 다시 한 번 섞는다.

5 **4**의 양념한 밥을 한입 크기로 동글길쭉하게 모양을 내서 만들고 그 위에 달걀말이를 올린다.

6 달걀말이를 올린 초밥의 가운데 부분을 김으로 둘러 싸 완성한다.

+ 달걀을 조리하는 방법에 따라 달걀말이, 달걀찜, 찐달걀 등 다양한 조리법에 대해 이야기 나누어 보세요.

상큼한 샐러드가 듬뿍

샐러드유부초밥

이야기 요리

유부초밥은 만들기도 간단하고 맛도 좋아 아이들이 좋아해요. 우리집 아이들도 입맛이 없을 때에나 바쁜 아침에 유부초밥을 자주 해줍니다. 샐러드 유부초밥은 게맛살과 양상추를 듬뿍 넣어 아삭하고 상큼한 샐러드를 초밥 위에 얹어 맛도 좋고 예쁜 모습에 아이들이 좋아해요. 요즘 들어 부쩍 질문이 많아진 건희가 유부는 어떻게 만드냐고 물어와 두부를 얇게 썰어서 물기를 충분히 뺀 뒤 기름에 튀겨 양념으로 조린 것이라고 알려 주었지요. 아직 어려서 잘 이해는 못했지만 두부로 만들었다는 것은 이해한 것 같아요. 따뜻한 밥에 양념을 넣고 섞어 유부 속에 밥을 넣는 것은 아이들도 쉽게 잘 했어요. 평소에도 아이들은 큰 그릇에 밥을 담고 유부초밥 재료를 주면 스스로 잘 만들어 먹거든요. 이번에는 더 맛있게 먹기 위해 초밥 위에 게살 샐러드를 올린다고 하자 신나했지요. 건희는 양파가 조금 맵기는 하지만 유부초밥은 항상 맛있다면서 즐겁게 먹었어요.

조미 유부 12장
(비빔가루, 조미액 포함)
밥 2공기

샐러드
게맛살 70g
양상추 50g
양파 1/4개
마요네즈 3큰술
소금·후춧가루 약간씩

1 게맛살은 적당히 잘라 잘게 찢어 놓고 양상추와 양파는 곱게 채썬다.

2 볼에 게맛살과 양상추, 양파를 넣고 마요네즈와 소금, 후춧가루를 넣고 버무려 둔다.

+ 게맛살 대신 진짜 게살이나 옥수수알 등 다양한 재료를 이용해서 만들어도 좋아요.

3 따뜻한 밥에 비빔가루와 조미액을 넣고 잘 버무려 양념한다.

일반 유부초밥과 샐러드 초밥을 먹고 맛과 식감이 어떻게 다른지 이야기 나누어 보세요.

4 조미유부의 물기를 좀 짠 뒤 양념한 밥을 2/3정도 차게 담는다.

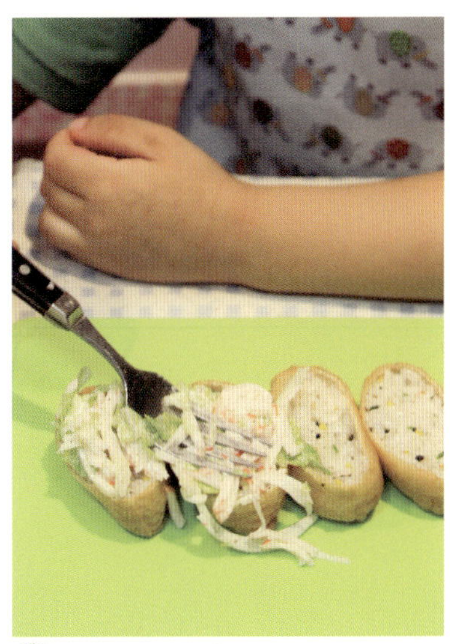

5 유부초밥 위에 **2**의 게맛살 샐러드를 듬뿍 올린다.

c o o

t i

i n g

PART 3

듣든한 고기 요리와 소박한 채소 요리

m e

고기야? 밥이야?

잡곡밥떡갈비

이야기 요리

떡갈비는 우리나라 전라도 지방에서 해먹는 음식인데 갈비의 살을 발라 잘게 다진 뒤 뼈에 다시 붙여 석쇠에 구워 먹는 전통음식입니다. 고기를 다져서 달콤한 양념에 구우니 고소하고 부드러워 아이들이 좋아해요. 잡곡밥 떡갈비는 고기는 좋아하지만 밥을 잘 먹지 않는 아이들에게 고기와 함께 밥도 먹이는 좋은 요리랍니다. 고기를 치대는 과정에서 손에 끈적끈적하게 달라붙기 때문에 아이들이 어려워 하지만 충분한 시간을 가지고 놀도록 도와주었더니 어느 순간 손에 달라붙는 것을 신경쓰지 않고 마음껏 만들었어요. 가래떡에 고기를 감싸는 과정은 조금 어려웠지만 꼭 만화에서 보던 고기같다면서 재미있어했어요. 처음에는 밥이랑 버섯이 들어가서 떡에 안 달라 붙을 것 같아 걱정했는데 오히려 끈적해서 잘 달라붙는다는 이야기를 하더군요. 실제로 떡갈비를 석쇠에 올려 굽는 사진을 보여주었더니 아이들이 다음에 캠핑 갈때 숯불 위에서 구워 먹자고 했답니다.

가래떡 10개
다진소고기 80g
잡곡밥 80g
다진마늘 1작은술
다진파 1작은술
표고버섯 1개
간장 2작은술
설탕 1작은술
식용유 1큰술
잣가루 1큰술
전분가루 1큰술
후춧가루 약간

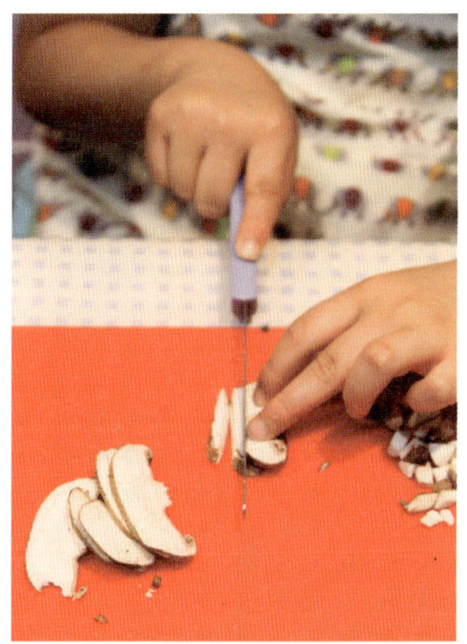

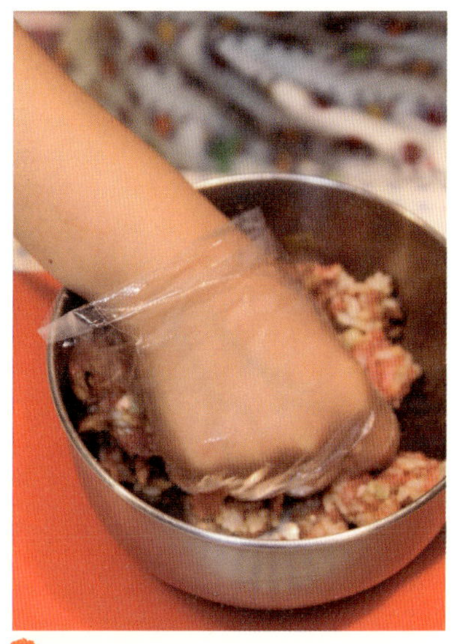

1 표고버섯은 밑동을 잘라 내고 잘게 다진다.

2 볼에 다진소고기와 표고버섯, 잡곡밥, 다진마늘, 다진파를 넣은 뒤 간장, 설탕, 전분가루, 후춧가루를 넣고 끈기가 생길 때 까지 오랫동안 치댄다.

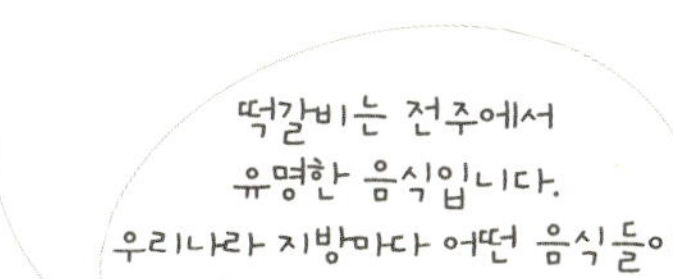

떡갈비는 전주에서
유명한 음식입니다.
우리나라 지방마다 어떤 음식들이
유명한지에 대해 알아보세요.

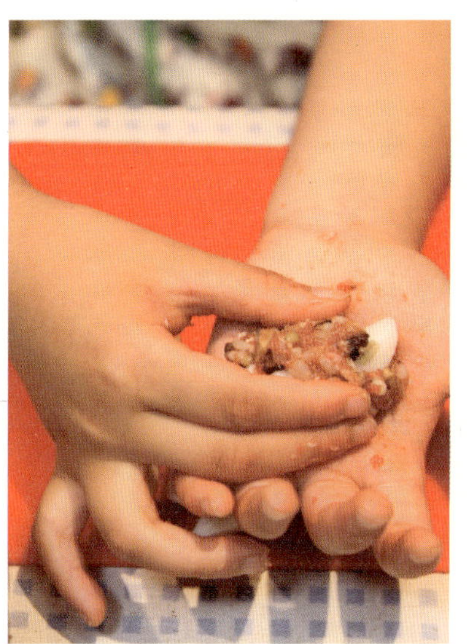

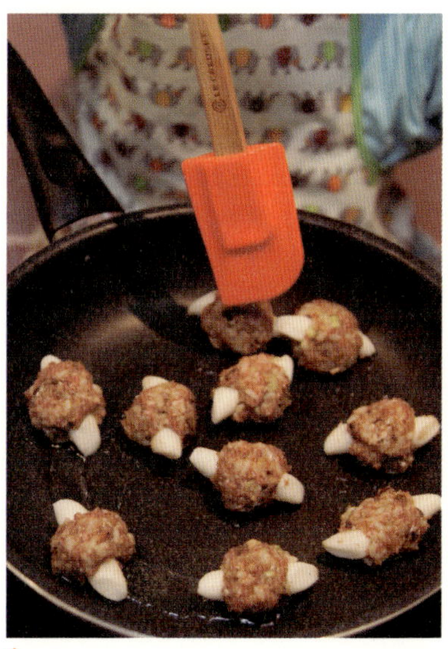

3 고기 반죽을 탁구공 만하게 떼어 손바닥 위에 올린 다음 가래떡을 올려 고기 반죽으로 감싼다.

+ 가래떡에 소고기를 감싸는 과정에서 반죽이 손에 달라붙기도 하고 떡에서 떨어지도 해서 아이들이 어려워 하지만 혼자 힘으로 할 수 있도록 충분히 기다려주세요.

4 달군팬에 식용유를 두르고 **3**의 고기 반죽을 올려 약한 불에서 속까지 완전히 익도록 굽고 다진 잣가루를 뿌려 낸다.

+ 가래떡이 딱딱하면 잘 익지 않아서 식감이 좋지 않아요. 끓는 물에 살짝 데쳐서 부드럽게 한 다음 사용하세요.

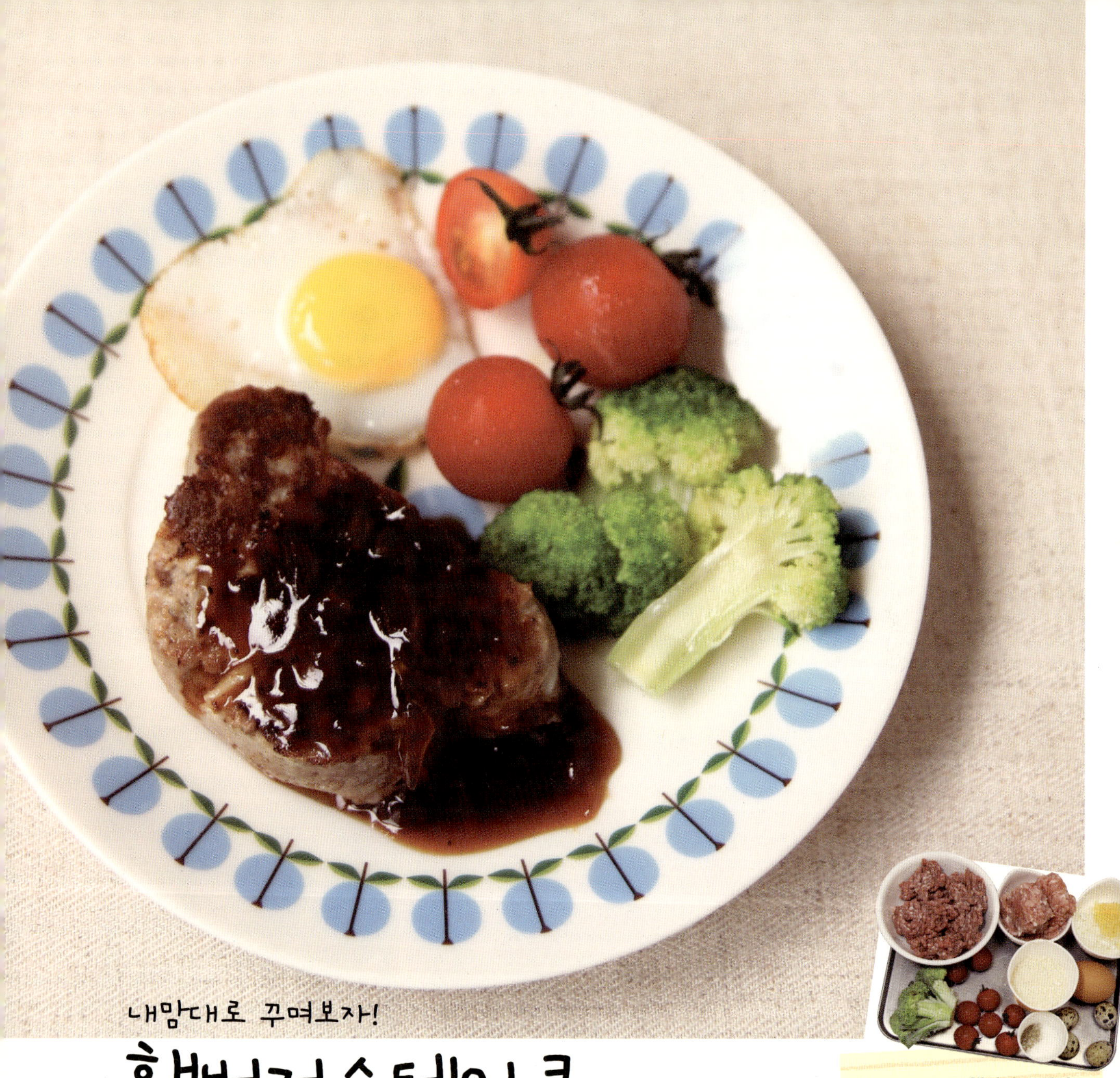

내맘대로 꾸며보자!

햄버거스테이크

이야기 요리

햄버거 스테이크는 신선한 고기를 넣어 만들면 부드러운 식감에 맛도 좋아서 한끼 든든한 식사가 되지요. 레스토랑에 온 것처럼 제대로 차려주면 아이들도 대접 받는 기분에 무척 좋아해요. 고기를 치대는 과정에서 아이들이 고기 반죽을 싫어하면 어쩌나 했는데 오히려 찰흙놀이처럼 조물조물 제대로 된 고기 반죽을 만들었어요. 모양을 만들 때는 쿠키 커터를 이용해 곰, 하트, 별, 키티 등 본인이 좋아하는 모양으로 만들었답니다. 팬에 구워지면서 크기가 작아지는 햄버거 스테이크를 보고 이상하게 생각하는 아이들에게 고기 속에 들어있는 단백질이 열을 받으면 줄어든다고 알려주었죠. 고기를 굽고 소스도 만들고 채소도 함께 준비하면서 평소에 잘 먹지 않는 브로콜리도 몇 개씩 먹어 보고, 작은 메추리알 후라이도 하며 소꿉놀이처럼 재미있어 했어요. 시식을 한 아이들은 고기가 부드러워 입에서 살살 녹는다고 했답니다.

햄버거 스테이크
소고기 300g, 돼지고기 100g
다진양파 4큰술
빵가루 2/3컵, 달걀1개
다진마늘 1큰술, 생강술 2큰술
소금1/2작은술, 후춧가루 약간

부재료
메추리알·방울토마토 4개씩
브로콜리 1/4송이

소스
다진양파 3큰술
돈까스 소스 4큰술
간장 1큰술, 매실청 2큰술
후춧가루 약간

1 볼에 햄버거 스테이크의 재료를 분량대로 넣고 오랫동안 끈기가 생길 정도로 치댄다.

+ 고기 반죽은 오랫동안 치대야 끈기도 생기고 맛도 좋아집니다.

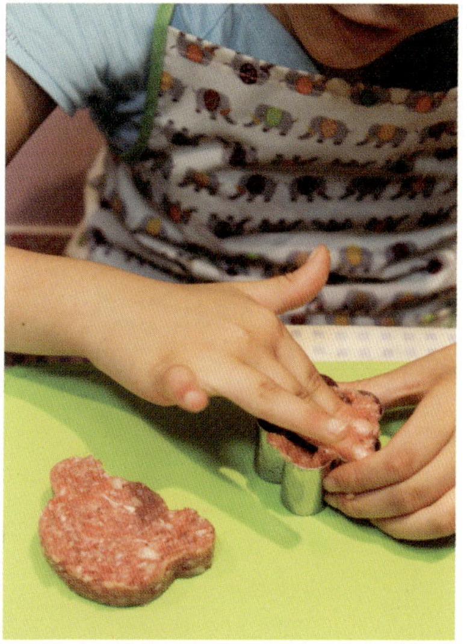

2 치댄 고기 반죽은 모양 깍지 사이에 넣고 모양을 만든다.

+ 고기 반죽으로 모양을 만들 때 손으로 다양한 모양을 만들거나 모양 깍지에 끼워서 만들어 다양한 활동을 해보세요.

3 메추리알은 반숙으로 프라이를 해서 준비하고 브로콜리는 끓는 물에 살짝 데쳐서 준비한다. 방울토마토는 씻어서 물기를 뺀다.

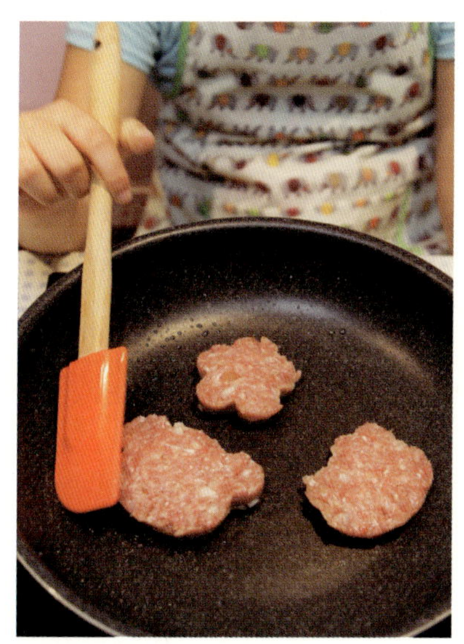

4 달군 팬에 식용유를 두르고 2의 모양을 낸 고기 반죽을 올리고 처음에 겉면은 센 불에서 바싹 익힌 다음 불을 줄여 약한 불에서 타지 않도록 익힌다.

+ 고기를 익히면 부피가 줄어들면서 가운데 부분이 볼록해지는 이유는 고기에 들어있는 단백질 때문인데요, 예쁘게 만들고 싶으면 고기 반죽을 만들 때 가운데 부분이 약간 움푹 들어가게 모양을 내면 구웠을 때 모양도 예쁘고 가운데도 잘 익는답니다.

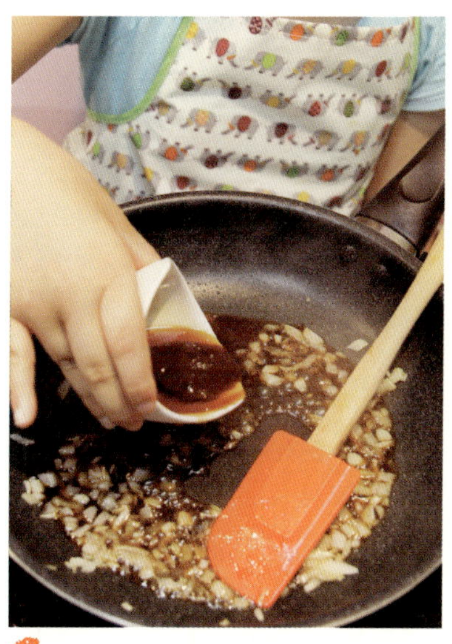

5 고기를 구웠던 팬에 분량의 소스 재료를 모두 넣고 걸쭉해 지도록 끓인다.

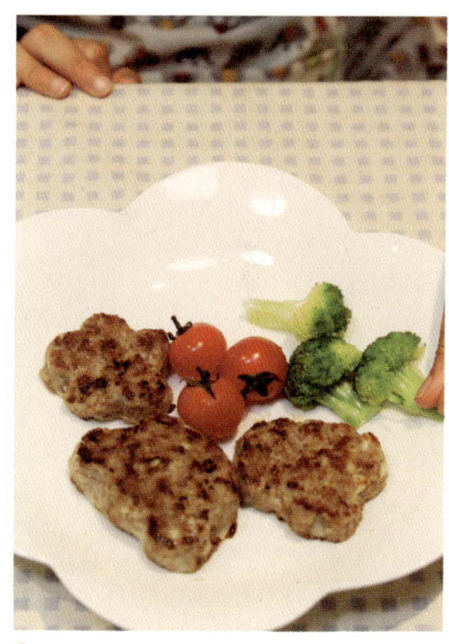

6 접시에 고기를 담고 소스를 뿌린 다음 메추리알 프라이를 얹어준다. 방울토마토와 브로콜리도 곁들인다.

닭고기 속에 채소를 돌돌 말아요

채소치킨롤

이야기 요리

닭가슴살은 단백질이 풍부하고 칼로리가 낮지만 퍽퍽하고 별 맛이 없기 때문에 아이들이 좋아하지 않아요. 채소 치킨롤은 닭가슴살에 여러 가지 채소와 치즈를 넣고 돌돌 말아 돈까스처럼 만들어 모양도 예쁘고 맛도 좋아 아이들에게 인기가 많답니다. 아이들 소풍갈 때 특별한 반찬으로 도시락에 넣어주면 "엄마 최고!"라는 감탄사도 듣게 될거에요. 채소 치킨롤은 닭가슴살을 얇게 포를 뜨듯이 저며서 만드는게 중요해요. 이 과정은 칼을 정교하게 써야 하므로 엄마가 도와주세요. 닭가슴살 위에 채소를 올리고 돌돌 마는 과정을 아이들이 잘 할 수 있을지 걱정했는데 생각보다 쉽게 잘 말아진다는 것을 알고 자신있게 말더군요. 동글게 만 닭고기가 두꺼워서 속이 잘 익지 않을 까 걱정하는 아이에게, 약한 불에 올려 뚜껑을 덮으면 열이 순환하면서 속까지 익을 수 있다는 것을 알려주었죠. 좀더 확실하게 익히고 싶다면 전자레인지에서 1~2분 더 정도 익혀도 좋아요.

닭가슴살 2쪽
팽이버섯30g
파프리카·피망 1/4개
슬라이스 치즈 2장
밀가루 1/2컵
달걀 1개
빵가루 1컵
식용유 적당량

닭가슴살 밑간
소금, 후춧가루 약간씩

1 닭가슴살은 포를 뜨듯이 반으로 저며 칼등으로 두드려 얇게 편 다음 소금, 후춧가루를 뿌려 잠시 재워둔다.

+ 닭가슴살은 두께가 두꺼우므로 그냥 조리하면 속까지 잘 익지 않아요. 포를 뜨듯이 얇게 저며 펴준 다음 고기 망치나 칼등으로 두드리면 얇아지고 더 부드러워집니다.

2 파프리카, 피망은 채썰고 팽이버섯은 길이로 반을 자른다. 슬라이스 치즈도 3등분 한다.

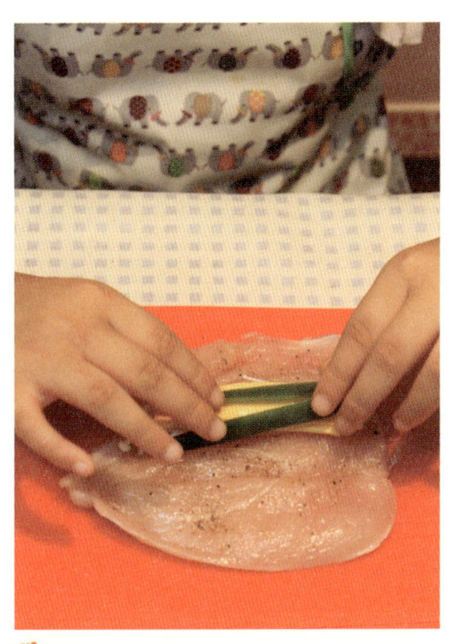

3 밑간한 닭가슴살 위에 채썬 채소와 버섯, 치즈를 올리고 끝에서부터 김밥을 말 듯이 돌돌 만다.

+ 고기에 채소를 넣고 말면 고기가 쉽게 풀릴 수 있어요. 이때는 이쑤시개를 꽂아 풀리지 않게 해 주었다가 익힌 다음에는 꼭 빼주세요.

4 돌돌 만 닭고기에 밀가루 → 달걀물 → 빵가루 순으로 옷을 입힌다.

5 기름을 넉넉히 두른 팬에 **4**의 치킨을 올리고 속까지 완전히 익도록 약한 불에서 굴려가며 굽는다.

+ 기름에 튀기는 것이 부담스러울 때에는 겉면에 붓으로 기름을 살짝 바른 다음 180℃로 예열한 오븐에 20~25분 정도 구워도 좋아요.

전자레인지는 음식의 속부터
익히는 특징이 있기 때문에
요리한 음식중 속까지 잘 익혀야 할
음식을 넣고 1~2분 정도 돌리면
완전히 익힐 수 있어요.

치킨을 좋아하는 아이들에게 최고!

닭봉구이

이야기 요리

치킨은 아이들에게 최고의 인기메뉴이지요. 닭봉구이는 기름에 튀기지 않고 오븐에 기름기를 쏙 빼서 구운 다음 매콤달콤한 소스에 버무린 정말 맛있는 치킨이랍니다. 닭봉은 미리 양념에 재워두면 잡냄새도 없어지고 고기도 부드러워져요. 위생봉지에 쌀가루를 넣고 닭봉을 넣어 흔들면 손에 가루가 묻지도 않고 아이들은 봉지를 흔들면서 신나게 놀며 닭봉에 옷을 입힐 수 있어요. 건희는 위생봉지에 넣은 닭봉을 흔들면서 장난도 치고 재미있게 놀았지요. 쌀가루 옷을 입힌 닭봉을 오븐에 넣어 구우면 기름기가 쏙 빠져 바삭하고 맛있게 구워진답니다. 아이들은 양념에 고추장이 들어가는 걸 보고 매울까봐 염려했지만 소스를 닭봉과 섞어 익히고 먹어보더니 맵지 않고 맛있다며 잘 먹었답니다. 닭봉의 모습이 작은 닭다리 모양을 하고 있어서 꼬마 닭다리라면서 신나고 재미있게 먹었지요.

닭봉 20개
매실청·생강술 1큰술
레몬 1/4개
쌀가루 1/3컵(또는 밀가루)
소금·후춧가루 약간씩

소스

고추장 1큰술
케첩 4큰술
간장·매실청 1큰술
레몬즙·꿀 2큰술
후춧가루 약간

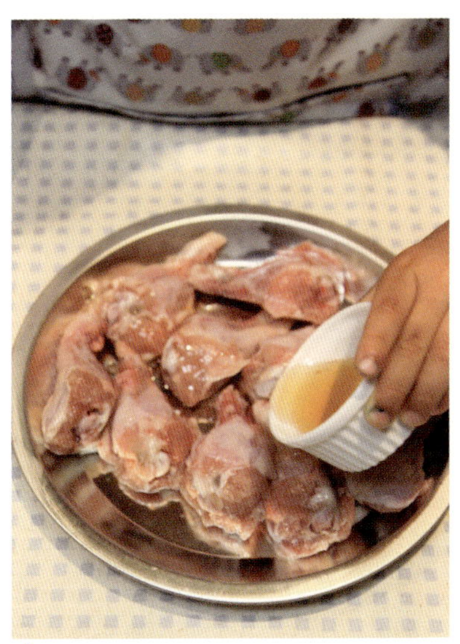

1 닭봉은 씻어서 물기를 닦아낸 다음 매실청, 레몬즙, 생강술을 뿌려 잠시 둔다.

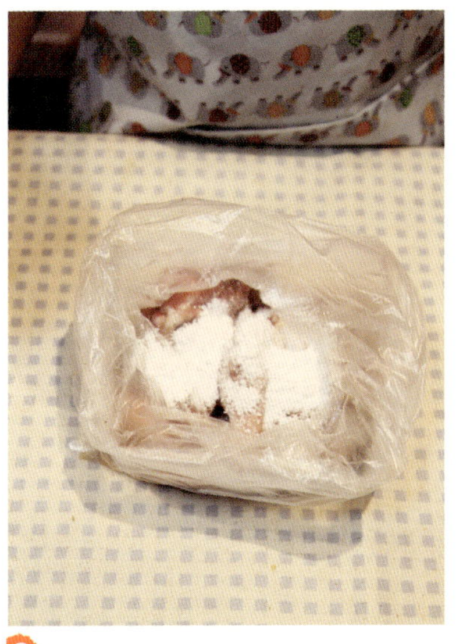

2 밑간한 닭봉을 위생봉지에 넣고 소금, 후춧가루를 뿌린 다음 쌀가루를 넣고 흔들어 옷을 입힌다.

+ 밀가루 대신 쌀가루를 쓰면 훨씬 바삭거려요. 쌀가루를 구매할 수 없을 때에는 충분히 불린 쌀의 물기를 뺀 다음 믹서에 갈아 사용해도 됩니다.

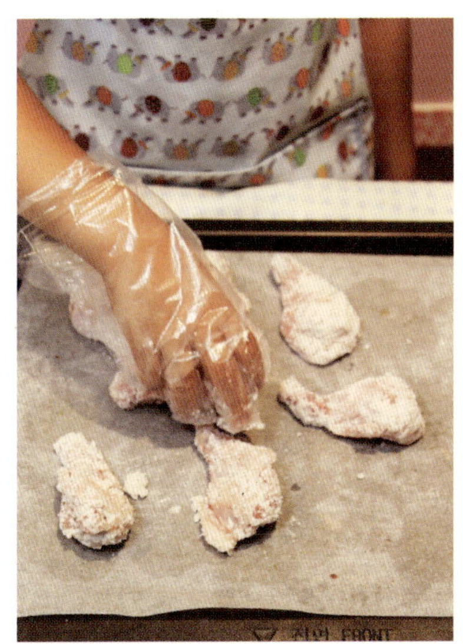

3 190℃로 예열한 오븐에 2의 닭봉을 넣고 25~30분 정도 노릇하게 구워낸다.

4 팬에 분량의 소스 재료를 모두 넣고 끓인다.

5 소스가 바글바글 끓어 오르면 구운 닭봉을 넣고 국물이 없을 정도로 조려 완성한다.

매운 것을 싫어하는 아이들은 고추장을 빼고 케첩과 간장 소스로만 만들어도 좋아요.

꼬치에 꽂아 먹는 치킨

매실청치킨

이야기 요리

매실청 치킨은 순살 치킨을 꼬치에 꽂아 먹는 것으로 바삭하고 달콤해서 아이들이 좋아해요. 소스에 사용한 매실청은 매실을 발효한 천연 조미료로 새콤달콤한 맛이 치킨을 아주 맛있게 만들어줘요. 몸에도 좋고 소화가 잘 되어 설탕 대신 사용하면 좋아요. 봄에 매실청을 담그는 일은 우리집 1년 중 큰 행사인데요, 매실을 씻어서 물기를 닦고 꼭지를 따 내는 일이 손이 많이 가서 번거로운데 아이들이 작은 손으로 매실 손질하는 것을 잘 도와준답니다. 발효되는 100일 동안에도 관심을 가지고 함께 지켜보며 잘 될지 걱정도 해주지요. 닭고기를 구운 뒤 소스 재료를 바글바글 끓여 맛을 보게 했더니 매실향이 나서 달콤하고 맛있는 치킨이 될 것 같다면서 좋아했어요. 치킨 모양이 길쭉하니 핫도그 처럼 막대에 꽂아 먹어도 좋겠다는 아이들의 말에 따라 꼬치에 꽂아 주었더니 손에 묻지도 않고 깔끔하게 들고 다니면서 먹을 수 있는 치킨이 되었답니다.

닭안심 10쪽
전분가루 1/2컵
식용유 3큰술

닭안심 밑간
소금·후춧가루 약간씩

소스
간장 2큰술, 매실청 3큰술
다진마늘 1/2큰술
다진땅콩 2큰술
물엿 1큰술

1 닭안심은 질긴 힘줄은 제거하고 소금, 후춧가루를 뿌려 잠시 둔다.

2 밑간한 닭안심을 전분가루에 굴려 골고루 옷을 입힌다.

3 달군 팬에 기름을 넉넉히 두르고 튀기듯 닭안심을 구워낸다.

발효 식품에는 어떤 것들이 있는 지에 대해 알아보는 것도 좋겠네요.

4 팬에 간장, 매실청, 다진마늘, 물엿, 물을 넣고 끓여 소스를 만든다.

+ 매실청은 매실을 설탕에 절여 100일 동안 발효한 식품입니다. 매실의 발효 과정을 통해 삼투압 현상에 대해 알아보세요.

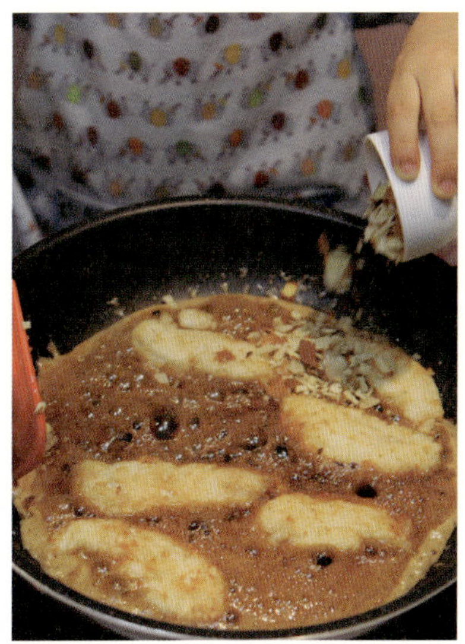

5 소스가 바글바글 끓으면 구워 놓은 치킨을 넣고 국물이 거의 없을 정도로 조린 다음 땅콩을 뿌린다.

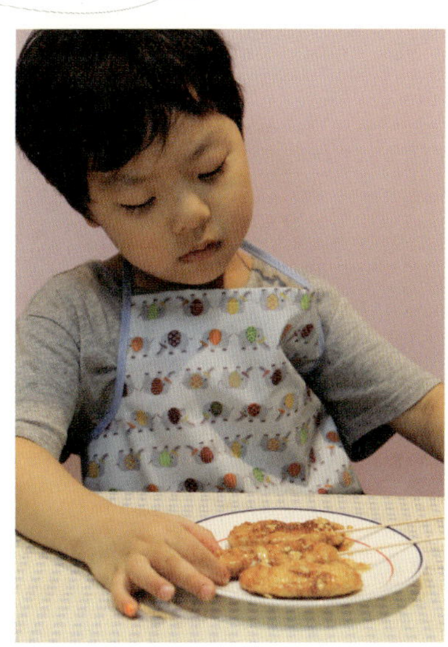

6 다 만들어진 치킨은 꼬치에 꽂는다.

채소도 먹고 치킨도 먹고

채소팝콘치킨

이야기 요리

아이들은 치킨과 함께 채소나 샐러드를 함께 곁들여 주어도 고기만 쏙쏙 골라 먹지요. 채소팝콘치킨은 닭고기를 한입에 먹기 좋은 크기로 잘라 채소를 함께 넣고 튀겨서 자연스럽게 고기와 채소를 함께 먹을 수 있어요. 건희는 평소에 좋아하지 않는 파프리카와 대파 등을 잘게 썰어서 고기와 함께 반죽 할거라고 하니 기분이 별로 좋지 않았어요. 파는 빼면 안되냐는 말을 계속 했지만 함께 요리하면 파 맛도 잘 안나고 보이지도 않을 거라고 이야기 해주었죠. 닭고기와 반죽을 하다보니 건희는 파를 넣었다는 사실을 금새 잊고 밀가루 반죽 놀이에 쏙 빠져버렸어요. 반죽을 숟가락으로 조금씩 떠 넣어 튀길 때는 기름이 튈 수 있으니 꼭 엄마가 옆에서 도와주셔야 해요. 갓 튀긴 채소 팝콘 튀김을 건희에게 먹어보게 했더니 아주 바삭하고 맛있다고 했지요. 채소 맛도 별로 안나고 맛있는 옥수수가 입에서 톡톡 튀는 느낌이 들어서 재미있다면서요.

닭가슴살 2쪽
피망 1/4개
파프리카 1/4개
옥수수알 3큰술
대파 1/3대
달걀 1개
튀김가루 4큰술
식용유 1컵 정도
소금·후춧가루 약간씩

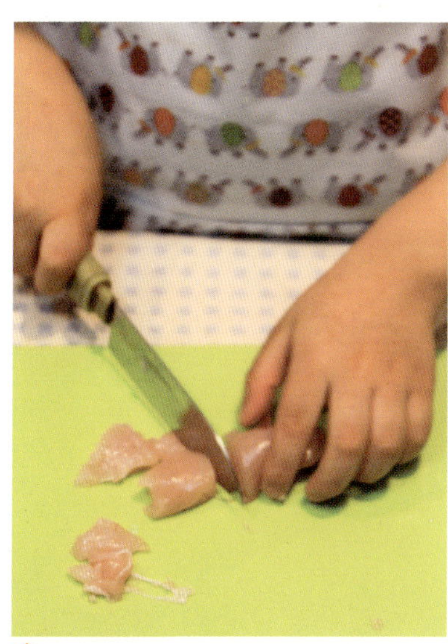

1 닭가슴살은 한입 크기로 잘게 썬다.

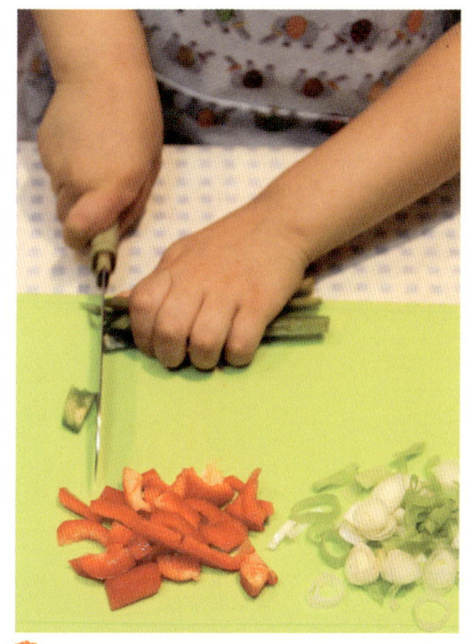

2 피망, 파프리카는 잘게 다지듯이 썰고 대파는 송송 썬다.

+ 아이들과 싫어하는 채소는 무엇인지 알아보고 채소에 어떤 좋은 영양소가 있는지 함께 알아봅니다.

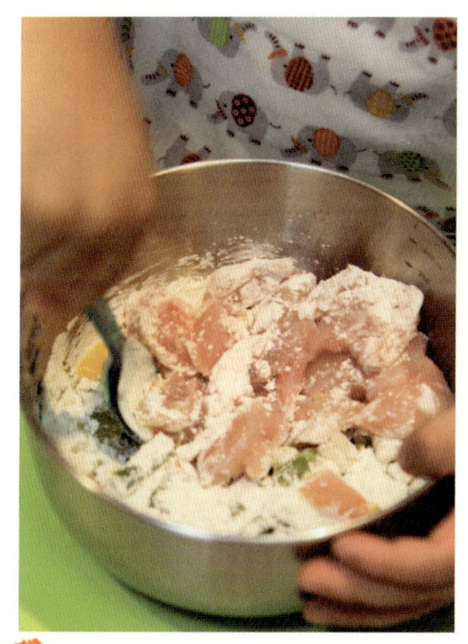

3 볼에 닭가슴살과 피망, 파프리카, 대파, 옥수수알을 넣고 소금, 후춧가루를 뿌려 간을 한 뒤 달걀, 튀김가루를 넣고 섞어 걸쭉한 반죽을 만든다.

+ 반죽이 너무 묽으면 뭉쳐지지 않아 모양이 예쁘지 않게 됩니다. 어느 정도 모양이 유지되도록 걸쭉한 반죽을 만들어주세요.

4 180℃ 정도로 가열한 기름에 **3**의 반죽을 한 수저씩 떠 넣고 바삭하게 튀겨낸다.

튀길 때는 2번 정도 튀겨야 바삭한 식감이 유지됩니다. 타지 않게 주의하며서 두 번 튀기세요.

토르티야로 돌돌 말아보자

훈제오리토르티야롤

이야기 요리

토르티야 속에 훈제오리와 각종 채소를 함께 돌돌 말아 샌드위치처럼 만든 요리랍니다. 훈제오리에는 기름기가 많아서 그냥 굽는 것보다 찜통에 올려 찌면 기름기는 쪽 빠지고 고기는 부드러워 아이들 먹기에 더 좋아요. 오리를 찜기에 찌는 동안 아이들이 평소에 잘 먹으려 하지 않는 양상추나 양파, 파프리카를 함께 손질하면서 맛도 보고 잘라보았어요. 살짝 구운 토르티야 위에 준비한 소스를 바르고 각자 넣고 싶은 재료들을 넣으라고 했더니 채소를 골고루 넣더라구요. 특히 생양파를 먹지 않는 아이들은 양파를 빼지 않고 조금씩이라도 넣는 모습이 대견스러웠어요. 김밥처럼 돌돌 마는 과정이 어렵지 않을 까 걱정했는데 생각 보다 잘 말더군요. 돌돌 말아 먹기도 좋고 맛도 좋았답니다.

토르티야 4장
훈제오리 200g
양상추 100g
빨강·노랑 파프리카 1/4개씩
양파 1/4개, 토마토 1개

소스

마요네즈 3큰술
씨겨자 1큰술
머스타드 1/2큰술
꿀 1큰술, 소금 약간

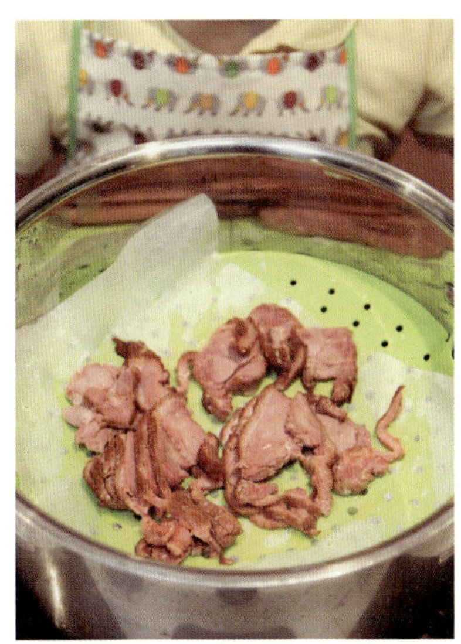

1 슬라이스 된 훈제오리는 김오른 찜통에 넣고 5분 정도 쪄 한김 식힌다.

+ 훈제오리는 마른 팬에 굽는 것도 좋지만 김오른 찜통에 한번 찌면 기름기는 쏙 빠지고 고기가 촉촉해서 아이들이 먹기에 훨씬 좋아요.

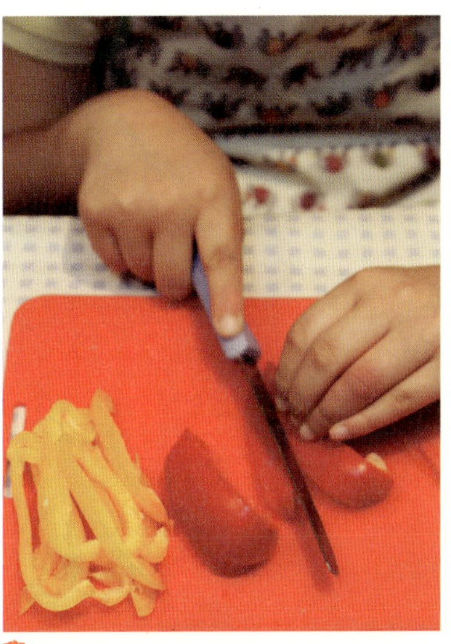

2 양상추는 씻어서 손으로 뜯어 놓고 파프리카와 양파는 채썬다. 토마토는 반달 모양으로 썬다.

+ 여러 가지 채소를 씻고 손질하면서 각각의 채소의 이름과 모양을 알고 맛도 봅니다.

3 분량의 소스 재료는 모두 섞어 둔다.

4 또띠아는 기름을 두르지 않은 팬에 올리고 약한 불에서 앞뒤로 살짝 구워낸다.

5 또띠아 위에 **3**의 소스를 1/2정도 바른다. 그 위에 준비한 훈제오리와 채소들을 한쪽 끝에 가지런히 올린다.

6 또띠아를 돌돌 말아 준 다음 랩으로 감아 고정시킨 뒤 먹기 좋게 썬다.

+ 또띠아는 말고 나서 잘 풀릴 수 있으니 랩으로 감싸거나 유산지 등으로 감싸 잠시 두고 먹기 좋게 잘라주세요.

한입에 쏙! 동글동글 돈가스

한입돈가스

이야기 요리

돈가스는 아이들이 좋아하는 요리지요. 일반적인 돈가스는 크기가 커서 아이들이 먹을 때는 일일이 나이프를 이용해서 썰어 주어야 하는데 한입 돈가스는 아이들이 먹기 좋도록 한입 크기로 만들고, 소스는 가볍고 상큼하게 요구르트로 만들어서 영양가도 높인 착한 요리랍니다. 아이들은 고기에 밀가루, 달걀, 빵가루 옷을 입히는 과정을 하면서 손에 반죽이 달라붙고 주변이 지분해지기는 했지만 점점 시중에서 파는 돈가스의 모습이 나오는 것을 보고 아주 재미있어 하고 성취감도 느꼈답니다. 생각보다 만들기 쉬워서 이제 돈가스는 자신 있다네요. 칼로리를 낮추기 위해 기름에 튀기지 않고 담백하게 먹도록 오븐에서 구웠어요. 완성된 돈가스를 맛보더니 바삭하고 느끼하지 않아 더 맛있고, 요구르트와 키위로 만든 소스가 상큼하면서 특이하다는 이야기도 했답니다.

돼지고기 등심 400g
밀가루 1/2컵
달걀 1개, 빵가루 1컵
식용유 1컵 정도

돼지고기 밑간

소금·후춧가루 약간씩

소스

다진양파 1큰술
다진 키위 1개분
플레인요구르트 4큰술
레몬즙 1작은술
소금·후춧가루 약간씩
(꿀 1큰술 취향껏)

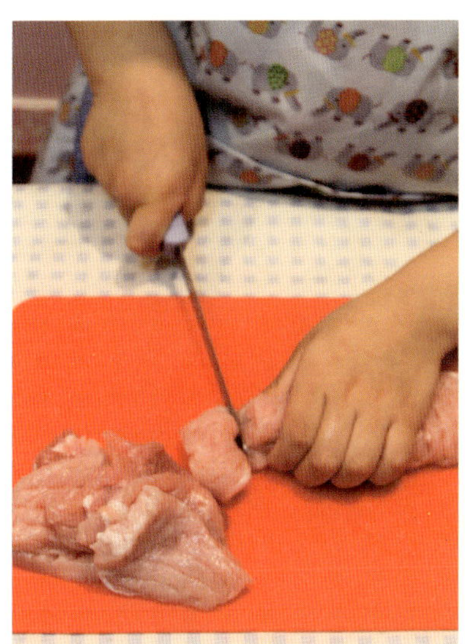

1 돼지 등심은 도톰하게 썰어서 한 입 크기로 다시 썬다.

2 자른 등심에 소금, 후춧가루를 뿌려 밑간한다.

3 밑간한 등심에 밀가루 → 달걀 → 빵가루 순으로 옷을 입힌다.

+ 고기에 바삭한 식감을 주기 위해 빵가루 옷을 입히는데 이때 고기에 바로 빵가루를 입히면 잘 달라붙지 않을 뿐 더러 고기의 수분이 많아서 튀길 때 기름이 튀어 위험하기 때문에 튀김요리나 돈가스를 만들 때 밀가루와 달걀옷을 입힌다는 이야기를 해주세요.

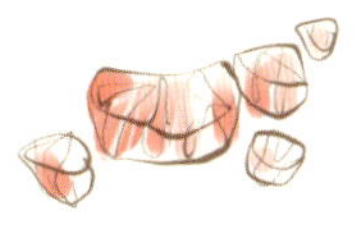

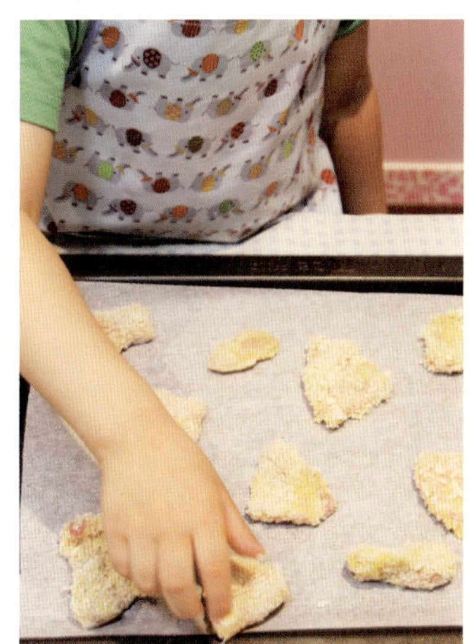

4 190℃ 정도로 예열한 오븐에 돈가스를 25분 정도 구워낸다.(오븐이 없을 경우에는 180℃로 가열한 튀김 기름에 튀긴다.)

5 분량의 소스 재료는 모두 섞어 준비한 뒤 돈가스에 곁들여 낸다.

+ 평범한 돈가스 소스 대신 요구르트와 과일로 만든 소스 맛도 보고 돈까스와 함께 먹었을 때 잘 어울리는지도 이야기해 보세요.

집에서 만드는 어묵

감자오징어핫바

이야기 요리

어묵은 길거리 대표 음식으로 아이들이라면 누구나 좋아하는데요. 보통은 생선살을 으깨 만들지만 감자 오징어 핫바는 오징어와 감자를 함께 섞어서 특별한 맛을 내보았어요. 오징어의 쫄깃한 맛과 감자의 부드러움이 만나서 사 먹는 핫바보다 더 맛있답니다. 직접 오징어를 만져본 적이 없는 아이들은 오징어의 미끌미끌하고 물렁물렁한 느낌을 이상해 하길래 살짝 만져 촉감을 느껴보게 했어요. 찐득하면서도 끈기가 생긴 반죽은 보기에도 오징어 같지 않아서 완성되면 맛있을 것 같다는군요. 다 된 반죽을 모양을 내서 기름 두른 팬에 올려 구웠지요. 반죽이 끈적거려서 아이들이 원하는 모양으로 만들기는 조금 힘들었지만 그래도 숟가락을 이용해서 반죽을 뚝뚝 떼어 만드는 모습이 제법 의젓했어요. 노릇하게 구운 어묵을 꼬치에 꽂고 케첩을 뿌려 맛있게 먹는 아이들은 밖에서 사 먹는 핫바 보다 훨씬 맛있고 부드럽다고 했답니다.

오징어 몸통 1마리분
감자 2개
청·홍피망 1/4개씩
양파 1/4개
전분 3큰술
설탕 1작은술
소금 1/3작은술
식용유 2큰술
후춧가루·케첩 약간씩

1 오징어는 몸통만 준비해서 껍질을 벗겨 적당한 크기로 자른다.

+ 오징어는 껍질을 벗겨서 만드는 것이 깔끔하고 색도 예쁘답니다. 껍질은 굵은 소금으로 문질러 벗겨내거나 키친타올로 껍질을 잡아 당기면 쉽게 벗겨져요.

2 믹서기에 오징어와 피망, 양파를 넣고 곱게 갈아 둔다.

3 감자는 삶아서 껍질을 벗기고 볼에 넣어 곱게 으깬다.

어묵은 생선살과 채소, 밀가루를 섞어 반죽해서 튀기는 것입니다. 어묵의 말뜻을 알아보세요.

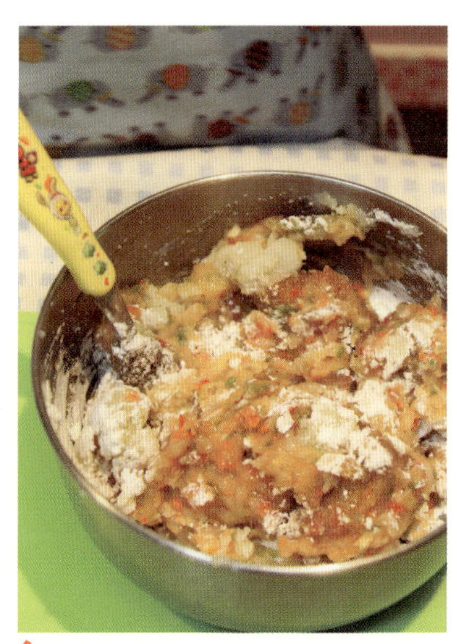

4 으깬 감자에 오징어와 피망, 양파 간 것을 넣고 전분가루, 설탕, 소금, 후춧가루를 넣고 끈기가 생기도록 치댄다.

5 끈기가 생긴 어묵 반죽을 숟가락을 이용해 길쭉한 막대 모양으로 빚는다.

6 달군 팬에 기름을 두르고 어묵을 올려 돌려가며 구운 뒤 꼬치에 꽂아 케첩을 뿌린다.

생선으로 샐러드를 만들어요

생선커틀릿샐러드

이야기 요리

샐러드는 신선하고 다양한 채소를 충분히 먹을 수 있는 건강한 음식이지만 아이들에게는 인기가 없지요. 생선커틀릿 샐러드는 생선 가스를 만들어서 채소와 곁들이고 상큼한 오렌지 드레싱을 곁들여 아이들도 잘 먹는답니다. 작은 투명한 컵에 담아 주면 특별한 요리가 된답니다. 생선살은 동태를 가시 없는 부분을 위주로 얇게 살만 떠낸 것으로 사용했어요. 아이들에게 명절날 먹는 생선전과 생선 커틀릿은 조리법이 달라 맛과 모양이 다른 음식이 된다는 것을 알려주었어요. 연희는 생선전보다는 바삭한 생선 커틀릿이 더 맛있을 것 같다고 했지요. 직접 커틀릿을 만들고 맛을 보더니 겉은 바삭한데 속은 고기와 달리 아주 부드러워서 입안에서 사르르 녹는 기분이라고 표현했어요. 아이들이 좋아하는 오렌지와 어린잎 채소, 래디쉬 등 다양한 채소를 그릇에 담고 오렌지 즙 소스를 곁들여 내니 느끼한 맛도 없고 맛있다면서 앞으로는 샐러드도 맛있게 먹을 수 있을 것 같다고 했답니다.

동태포 400g
밀가루 1/3컵, 빵가루 1컵
달걀·오렌지 1개씩
어린잎 채소 20g, 래디쉬 2개
(*채소류는 선택 가능)

동태포 밑간

소금·후춧가루 약간씩

드레싱

오렌지 즙(또는 오렌지 주스 3큰술)
식초·올리브유 2큰술씩
레몬즙 1작은술, 꿀 1큰술
씨겨자 2작은술, 소금 약간

1 생선살은 손가락 크기로 길쭉하게 썰어 준비해서 소금, 후춧가루를 뿌려 밑간한다.

+ 냉동 생선살을 구입했다면 해동시킬 때 수분을 충분히 닦아야 눅눅하지 않고 바삭한 생선까스가 됩니다.

2 밑간한 생선살에 밀가루 → 달걀 → 빵가루 순으로 옷을 입힌다.

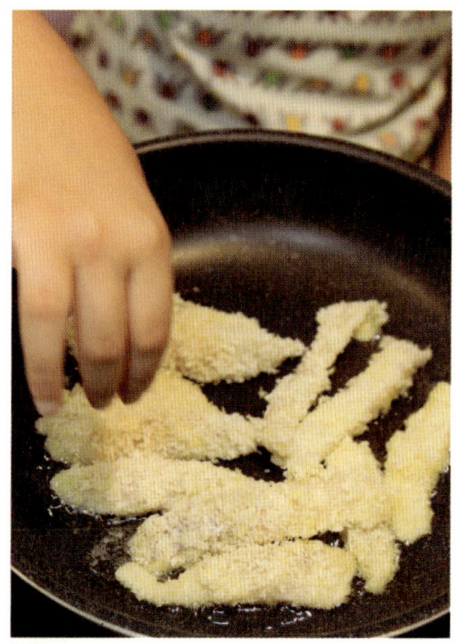

3 달군 팬에 기름을 넉넉히 두르고 2의 생선까스를 넣고 바삭하게 튀겨 낸다.

+ 기름에 튀기는 것이 부담스러울 때에는 180℃로 예열한 오븐에서 20분 정도 구워도 좋아요.

4 오렌지는 껍질을 벗기고 과육만 발라내고 어린잎 채소는 씻어서 물기를 뺀다. 래디쉬는 동그란 모양을 살려서 썬다.

5 분량의 드레싱 재료는 모두 섞는다.

6 그릇에 채소를 담고 그 위에 생선까스와 오렌지를 담은 뒤 소스를 뿌려 낸다.

+ 준비한 다양한 채소와 과일들의 이름과 모양을 알고 맛을 보면서 어떤 느낌인지 이야기 나누세요.

채소를 돌돌 말아 도토리 전병

도토리채소전병

이야기 요리

다람쥐가 좋아하는 도토리를 말려 가루로 만든 도토리 가루로 전병을 만들고 알록달록 채소들을 잘라 전병에 돌돌 말아 먹는 요리입니다. 도토리 가루로 도토리묵을 쑤어 먹기도 하지요. 저는 도토리묵을 좋아하는데 아이들도 은근히 그 맛을 알고 잘 먹더군요. 명절 때 먹는 기름진 음식들 속에서 도토리묵 무침은 더욱 빛을 발하지요. 도토리가루는 도토리를 말리고 가루로 곱게 빻은 다음 물에 담가 떫은 맛은 빼고 남은 앙금을 말린 것이고, 도토리묵도 만든다는 이야기를 해주었어요. 아이들은 도토리 가루를 반죽하고 전병 반죽을 팬 위에 올려 열이 가해지면서 반죽의 색과 상태가 변하는 것을 신기해 합니다. 도토리 전병은 밀가루 전병과 달리 살짝 쫀득쫀득한 느낌이 납니다. 평소 파프리카를 별로 좋아하지 않는 건희는 직접 파프리카를 썰고 전병에 돌돌 말아 자기가 만든 요리라서 그런지 아삭한 맛이 난다면서 채소를 잘도 먹었답니다.

도토리 가루 4큰술
밀가루 8큰술
물 1컵
소금·식용유 약간
피망 1/2개
빨강·노란 파프리카 각 1/4개씩
맛살 2줄
당근 1/3개
절임무 30g(생략 가능)

다람쥐가 좋아하는 도토리로 도토리 가루를 어떻게 만들었는지 이야기 나누어 보세요.

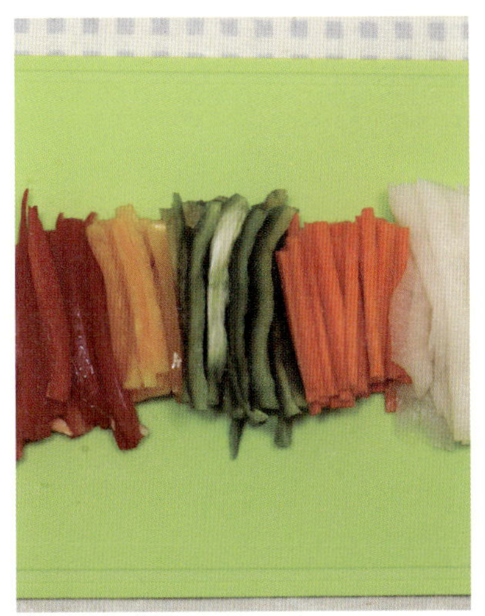

1 피망, 파프리카, 당근, 절임무는 5cm 정도의 길이로 채썬다. 맛살도 5cm 길이로 썬 다음 반으로 자른다.

2 볼에 도토리 가루와 밀가루를 체에 내린 다음 소금과 물을 넣고 거품기로 저어 멍울지지 않게 섞어 반죽을 만든다.

+ 도토리 가루만으로 전병을 부치면 묵처럼 쉽게 부서지므로 꼭 밀가루와 섞어서 전병을 만들어야 해요. 전병 반죽의 농도는 숟가락으로 떠서 물처럼 주르륵 흐를 정도로 묽은 반죽이어야 얇게 잘 부쳐집니다.

3 달군 팬에 기름을 약간 두르고 키친 타올로 닦아 낸 뒤 약하게 불을 줄이고 2의 반죽을 한수저씩 떠 올린다. 이때 반죽을 약간 타원형으로 올려주는 것이 좋다. 반죽이 익어서 색이 뿌옇게 변하면 뒤집어 익힌 뒤 꺼내 한김 식힌다.

4 만든 전병에 잘라 놓은 채소와 맛살을 한쪽 끝에 올린 뒤 돌돌 말아 준다.

작게 여러 개의 전병을 만드는 것이 번거로울 때는 크게 전병을 부친 뒤 잘라서 먹는 방법도 있어요.

임금님이 드시던 귀한 음식

배추만두

이야기 요리

만두는 보통 밀가루 만두피로 만들어 먹지요. 배추만두는 만두피 대신 배추 잎으로 만드는 만두랍니다. 숭채 만두라고 해서 옛날 임금님이 먹었던 만두라는 이야기가 전해지고 있어요. 배추만두는 배추 잎과 생선살로 만들어 맛은 담백하고 아삭아삭한 식감도 좋고 칼로리는 낮은 좋은 음식이랍니다. 명절날 평범한 만두 대신 배추 만두로 색다른 만두를 만들어보는 것도 좋답니다. 배추만두는 어른들도 맛보기 힘들어서 먹어본 사람이 많지 않을 거란 이야기를 했더니 아이들은 더욱 흥미를 가지고 만들었어요. 데친 배추 잎 위에 여러 가지 채소를 넣은 만두소를 올리고 돌돌 말아 배추만두를 만들었지요. 연희는 꼭 이불로 아기를 덮어주는 기분이 난다고 하더군요. 배추 잎이 풀리지 않게 쪽파로 묶어주었답니다. 완성된 배추만두는 맵지 않은 김치를 먹는 것 같고 만두 속도 고기 만두처럼 맛있다며 밀가루로 만든 만두는 부드럽고 배추만두는 아삭하게 맛있다는 표현도 했답니다.

배추 잎 10장
쪽파 30g
동태살 300g
두부 1/2모
당근 20g
다진마늘 2작은술
소금·후춧가루 약간씩

1 배추 잎은 초록색이 많은 부분으로 준비해 씻은 다음 끓는 물에 질긴 줄기 부분부터 넣은 뒤 부드러워질 때까지 데쳐 건진다. 여분의 쪽파도 데쳐서 찬물에 식혀 둔다. 데친 배춧잎은 찬물에 헹궈 식히고 물기를 짠다.

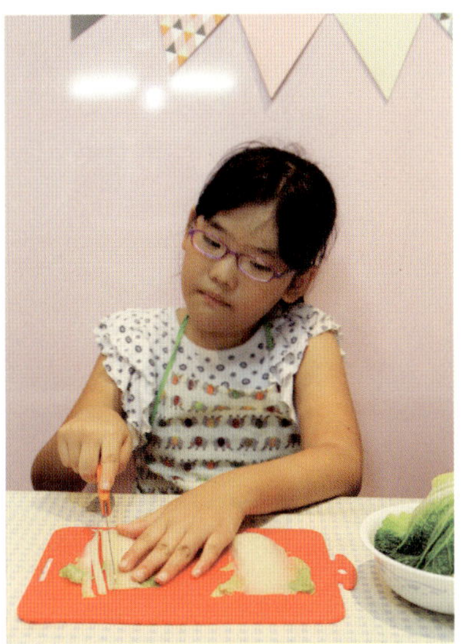

2 데친 배춧잎의 질긴 줄기 부분은 잘라서 잘게 다지고 푸른 잎 부분은 따로 둔다.

+ 배추 잎이 너무 두꺼우면 고기를 감싸기 힘들고 커서 먹기에도 힘들어요. 질긴 부분은 다져 속으로 사용하고 부드러운 잎 부분만 잘라서 사용하세요.

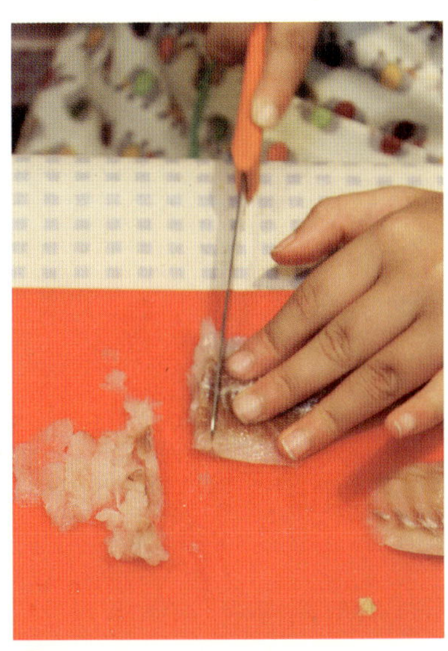

3 쪽파와 당근은 잘게 다지고 두부는 물기를 꼭 짜서 으깨 둔다. 동태살도 가시가 없는지 잘 확인 한 뒤 잘게 다진다.

4 볼에 다진 동태살과 다진 배추줄기, 쪽파, 당근, 두부, 마늘, 달걀, 소금, 후춧가루를 넣고 오랫동안 치대 끈기가 생기도록 반죽한다.

+ 배추 만두에는 담백한 맛을 내기 위해 생선살을 넣었어요. 생선살이 없을 때에는 다진 돼지고기나 소고기로 만들어도 좋아요.

5 배추 잎 부분을 펴고 그 위에 한입 크기로 떼어낸 고기 반죽을 올린 뒤 돌돌 말아 만두를 만든 뒤 미리 데쳐 둔 쪽파로 풀리지 않게 묶는다.

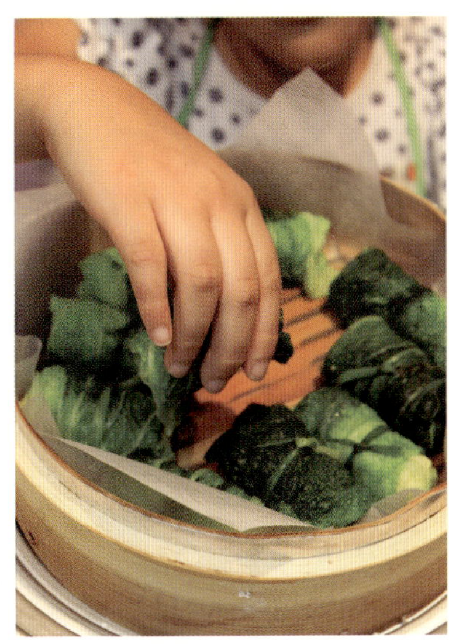

6 김오른 찜통에 5의 배추만두를 넣고 10~15분 정도 쪄 낸다.

동글동글 노란 전에 반달이 떴네

단호박두부전

이야기 요리

달콤한 단호박과 고소한 두부로 만든 단호박 두부전입니다. 반달 모양의 단호박을 올려 더 예쁜 단호박 두부전이 되었지요. 두부는 면보에 싸거나 체에 받쳐서 꾹 누르면 두부 속에 있는 수분이 나와서 좀더 단단해져 사용하기 좋게 됩니다. 아이들에게 두부의 수분이 빠지는 것을 보여주기 위해 간단하게 체에 받쳐서 숟가락으로 꾹꾹 눌러보았답니다. 수분이 빠진 두부를 곱게 으깨고 익힌 단호박도 곱게 으깬 뒤 섞고 반죽 모양을 잘 잡기 위해 밀가루를 넣어 반죽을 만들었어요. 동글 납작한 모양을 만들고 위에 초승달 모양으로 자른 단호박을 올려 장식해 주었지요. 노릇하게 구운 단호박을 꿀을 찍어 먹어 본 건희는 달콤하고 맛있다고 했답니다.

단호박 1/4통
두부1/2모
밀가루 2큰술
다진호두 20g
소금 1/2작은술
후춧가루·꿀 약간씩

1 단호박은 반달모양으로 얇게 몇 조각 썰어 따로 둔 다음 김오른 찜통에 넣고 찐다.

2 두부는 체에 받쳐 물기를 꾹 짠뒤 으깨 둔다.

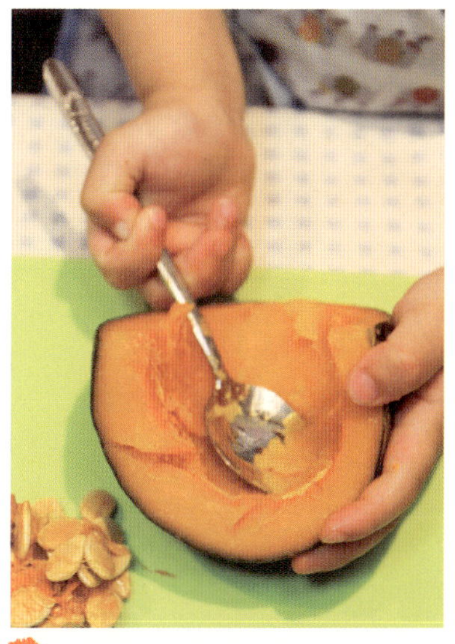

3 단호박은 한김 식힌 뒤 껍질을 벗기고 씨는 발라 낸 다음 볼에 넣고 곱게 으깬다.

4 3에 으깬 두부와 밀가루, 다진호두, 소금, 후춧가루를 넣고 오랫동안 치대 섞는다.

+ 단호박에 수분이 많아 반죽이 너무 질면 밀가루의 양을 늘리세요.

5 단호박 반죽을 동글 납작한 모양으로 만든 뒤 위에 미리 썰어둔 단호박을 올려 꾹 눌러준다.

+ 단호박과 두부로 만든 반죽을 동글납작하게도 만들어 보고 여러 가지 좋아하는 모양으로 빚어도 좋아요.

6 달군 팬에 기름을 두르고 4의 전을 올려 앞뒤로 노릇하게 구운 뒤 꿀을 곁들여 낸다.

위에 장식하는 단호박은 너무 두꺼우면 잘 익지 않아요. 얇게 썰어주세요.

비 오는 날 지글지글

김치부침개

이야기 요리

엄마가 어렸을 적 비오는 날마다 할머니께서 만들어주시던 김치부침개를 요즘 아이들이 좋아하는 재료로 변형해서 만들어본 요리입니다. 옥수수 알을 넣어 입안에서 톡톡 터지는 재미도 있고 피자치즈를 넣어 매운 맛은 줄이고 고소함을 더한 맛있는 김치부침개지요. 잘 익은 김치를 송송 썰어 한번 먹어보게 했더니 맛있기는 한데 너무 맵다면서 물을 찾고 난리법석을 떠는 아이들. 밀가루와 달걀을 섞어 부침개 반죽을 만들고 송송 썬 김치와 옥수수 등을 넣어 부침개 반죽을 프라이팬 위에 반죽을 떠 올려 지질 때 건희는 작은 동그라미 모양으로 만들고 싶다고 해서 마음껏 만들어보도록 했어요. 한쪽 면을 익힌 다음 뒤집어 피자치즈를 올리고 뚜껑을 덮어 구워내자 치즈가 먹기 좋게 녹아 내렸어요. 다 만들어진 김치부침개를 먹어본 건희는 부드러운 치즈 때문인지 맵지 않은 부침개라 맛있다며 치즈를 좀더 듬뿍 얹었으면 좋겠다고 했지요.

부침가루 120g
달걀 1개
김치 150g 정도
쪽파 5대
옥수수알 3큰술
피자치즈 1/4컵
식용유 2큰술
물 적당량

1 김치는 송송 썰어 준비하고 쪽파도 다듬어 씻은 다음 송송 썬다.

+ 김치를 매워서 잘 못 먹는 아이들은 김치를 물에 가볍게 씻어서 넣어도 좋아요.

2 볼에 부침가루와 달걀을 넣고 거품기로 저어 반죽하면서 농도를 조절하며 물을 적당량 넣어 반죽한다.

+ 김치에 들어 있는 수분의 양에 따라 반죽의 질기가 달라요. 물을 조금씩 넣어 가며 조절하세요. 아이들이 부칠 때는 너무 묽으면 쉽게 찢어져서 뒤집기 어려우니 조금 걸쭉한 반죽을 해주세요.

3 **2**의 밀가루 반죽에 김치, 옥수수알, 쪽파를 넣고 잘 섞어 부침개 반죽을 만든다.

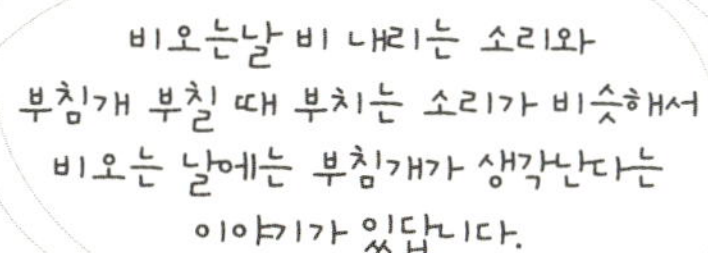

비오는날 비 내리는 소리와
부침개 부칠 때 부치는 소리가 비슷해서
비오는 날에는 부침개가 생각난다는
이야기가 있답니다.

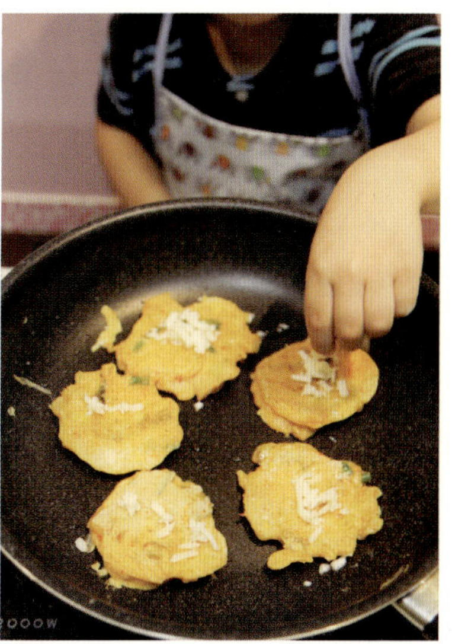

4 달군 팬에 기름을 두르고 **3**의 반죽을 한 국자씩 떠 올려 굽는다.

5 한쪽 면이 노릇하게 익으면 반죽을 뒤집은 다음 피자치즈를 살짝 올려 뚜껑을 덮고 치즈가 녹을 정도로 구워 완성한다.

달콤한 고구마 속에 채소가 가득

고구마치즈구이

이야기 요리

고구마는 그냥 먹어도 맛이 좋아 아이들이 좋아하지요. 고구마의 속을 파내 고구마 그릇을 만들어 채소를 송송 썰어 넣고 치즈를 듬뿍 올려 먹으면 채소를 싫어하는 아이들도 맛있게 잘 먹는 영양가 높은 요리가 된답니다. 고구마를 반으로 잘라 찜통에 쪄서 익은 고구마 속을 구멍이 뚫리지 않도록 조심하며 파내서 고구마 그릇을 만들 때는 아이들은 어찌나 집중하던지요. 파낸 고구마 속을 한번 먹어도 보고요. 잘게 썬 채소들과 마요네즈를 넣고 함께 비벼 맛있는 고구마 샐러드를 만들어 고구마 그릇에 채우고 치즈를 올려 오븐에 넣고 구웠답니다. 오븐에서 구워지는 동안 고구마로 만든 요리들 중에 어떤 것이 물어 보자 고구마피자, 고구마튀김, 고구마샐러드 등을 말했답니다. 고구마 치즈구이가 완성되자 고소한 치즈가 쭉쭉 늘어나는 고구마 구이가 꼭 피자 같다면서 맛있게 먹었어요. 특히 고구마로 만든 그릇까지 다 먹어도 된다면서 좋아했지요.

고구마 2개
옥수수알 3큰술
피망·파프리카 1/6개씩
피자치즈 1/2컵
마요네즈 3큰술
꿀 1큰술
소금·후춧가루
·파슬리 가루 약간씩

1 고구마는 동글한 것으로 골라 씻은 다음 반으로 자르고 김오른 찜통에 올려 익힌다.

+ 고구마는 어떤 모습으로 자라는지 알아보고 고구마처럼 뿌리 부분을 먹는 채소 이야기를 나누어보세요.

2 익힌 고구마는 한김 식힌 다음 테두리 부분을 조금 남기고 구멍이 나지 않게 속을 파낸다. 파낸 속은 포크로 으깨 놓는다.

+ 고구마 그릇이 구멍나지 않게 조심조심 해서 속을 파내고 다시 속을 채우는 과정은 인내심과 집중력을 키운답니다.

3 피망과 파프리카는 옥수수알 크기로 썬다.

4 볼에 으깬 고구마와 피망, 파프리카, 옥수수알을 넣고 마요네즈와 소금, 후춧가루, 꿀을 넣어 잘 섞는다.

5 그릇 모양으로 파낸 고구마 속에 4의 고구마 반죽을 채운다.

6 5 위에 피자 치즈를 듬뿍 올려 파슬리 가루를 뿌린 뒤 200℃로 예열한 오븐에서 10분 정도 구워낸다.

+ 오븐이 없을 때에는 프라이팬에 종이 호일을 깔고 약한 불에서 10분 정도 뚜껑을 덮어 치즈를 녹이면 됩니다.

고구마로 할 수 있는 다양한 요리에는 어떤 것이 있는지 이야기 해보고 아이와 함께 만들어보세요.

동그랗게 변신한 버섯과 과일의 만남

버섯볼과일꼬치

이야기 요리

아이들은 저마다 안 먹는 채소들이 한 두 가지 정도 있는데 그 중 특히 버섯은 고유의 향과 식감 때문인지 좋아하지 않는 채소이지요. 미트볼은 보통 고기로 만드는데 버섯볼은 버섯을 미트볼처럼 만들어 겉모습은 미트볼이지만 맛을 보면 고기보다 더 맛있고 담백하답니다. 버섯볼을 과일과 함께 꼬치에 꽂으면 알록달록 예쁘고 맛있는 꼬치가 되어 고기를 못먹는 아이들과 고기만 좋아하는 아이들 모두를 만족시킬 수 있는 영양 가득한 요리가 되지요. 아이들은 고기반죽처럼 찐득찐득 해진 버섯 반죽을 동그랗게 빚어 팬에 구울 때 동글동글한 모양이 부서질까봐 걱정하면서 조심스레 구웠지요. 버섯볼과 집에 있던 과일들을 모아 함께 꼬치에 꽂아보게 했더니 서로 순서를 정해서 보기 좋게 꽂느라 집중하는 모습도 보여주었어요. 이대로 먹어도 좋지만 무언가를 찍어서 먹었으면 좋겠다며 케첩은 시시하고 떠먹는 요구르트가 좋겠다고 스스로 소스도 정해 맛있게 찍어먹었지요.

버섯볼
새송이버섯 200g
애호박 1/4개, 당근 40g
전분가루 3큰술
빵가루 2큰술, 설탕 1/2큰술
간장 1큰술, 식용유 2큰술
소금·후춧가루 약간씩

부재료
방울토마토 10, 키위 1개
파인애플링 2쪽

1 송이 버섯과 애호박, 당근을 듬성듬성 썰어서 야채다지기에 넣고 돌려 잘게 썰어준다.(야채다지기가 없을 때에는 새송이 버섯은 절구에 넣어 찧고 채소는 잘게 다져 섞어주세요.)

+ 버섯은 잘게 으깨듯 썰어야 수분이 나와 반죽이 됩니다. 아이들과 절구에 넣고 찧어가며 놀아보는 것도 좋아요.

2 볼에 잘게 다진 버섯과 채소를 넣고 간장, 설탕, 소금, 후춧가루를 넣어 간을 한 뒤 전분가루, 빵가루를 넣고 섞어 치대 끈적거리는 반죽을 만든다.

3 2의 반죽을 한 덩어리씩 떼어 동그란 볼을 만든다.

동글동글한 모양이 아니더라도 모양 깍지로 다양한 모양을 만들어도 좋아요.

4 달군 팬에 기름을 두르고 3의 버섯볼을 올려 앞뒤로 노릇하게 굽는다.

+ 팬에 구울 때 너무 뒤적거리면 부서질 수 있으니 기름을 넉넉히 두르고 튀기듯이 구우세요.

5 키위는 껍질을 벗겨 한입 크기로 썰고 파인애플도 한입 크기로 썬다. 방울 토마토는 씻어서 준비한다.

6 꼬치에 버섯볼과 과일을 꽂아 완성한다.

두부의 변신, 두부마요네즈

두부마요네즈과일꼬치

이야기 요리

마요네즈는 고소한 맛을 내주기 때문에 샐러드나 여러 가지 요리에 많이 쓰입니다. 그러나 기름으로 만들어서 칼로리가 높지요. 두부마요네즈는 몸에 좋은 건강한 두부와 두유로 만들어 고소하고 칼로리는 낮은 건강한 맛이랍니다. 모든 재료를 넣고 믹서에 넣어 곱게 갈아주기만 하면 되니 만드는 방법도 간단하지요. 믹서기에 간 두부마요네즈의 색은 조금 진하기는 하지만 마요네즈처럼 걸쭉한 크림 형태로 새콤하면서도 고소한 맛이 나 맛있지요. 연희는 마요네즈와는 조금 다른 맛이기는 하지만 채소나 과일을 찍어먹으면 맛있을 것 같다고 하네요. 닭가슴살을 굽고 바나나, 브로콜리, 방울 토마토 등을 준비해서 꼬치에 꽂아 두부마요네즈에 찍어 먹고는 느끼하지 않고 많이 찍어 먹어도 고소해서 맛있다고 했답니다.

두부 마요네즈
두부 1/2모, 두유 6큰술
식초 2.5큰술, 꿀 2큰술
소금 1/2작은술
올리브유 3큰술
땅콩 30g

부재료
닭가슴살 1쪽(생략 가능)
방울토마토 10개, 바나나 1개
브로콜리1/4송이
소금·후추·식용유 약간씩

두부로 만든 마요네즈와
일반 마요네즈와의 맛을
비교해 보세요.

1 두부마요네즈의 재료는 모두 믹서기에 넣고 곱게 갈아 마요네즈를 만든다.

+ 두부와 두유는 콩으로 만든 건강 식품으로 좋은 단백질이 많이 들어있다는 것을 알려 주세요.

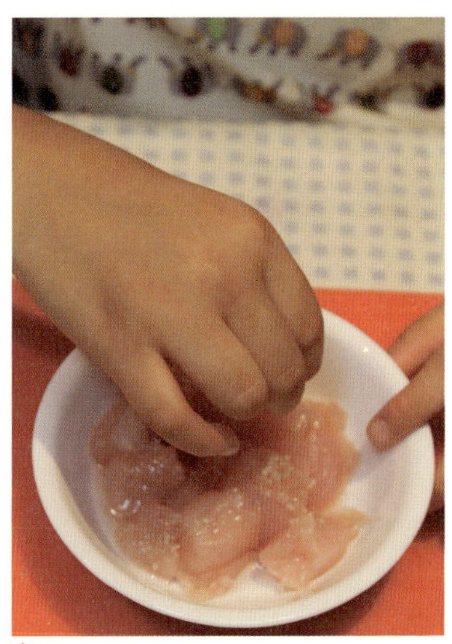

2 닭가슴살은 한입 크기로 잘라 소금, 후춧가루를 뿌려 잠시 둔다.

3 달군 팬에 식용유를 두르고 **2**의 닭고기를 익힌다.

4 바나나는 껍질을 벗겨 한입 크기로 썰고 브로콜리는 살짝 데쳐 한입 크기로 자른다.

5 꼬치에 토마토, 바나나, 브로콜리, 닭고기를 꽂아 두부마요네즈를 곁들여 낸다.

+ 여러 가지 재료를 꼬치에 꽂으면서 색깔과 규칙에 대해 알아봅니다.

송송 구멍 뚫린 연근 속에 새우가 쏙!

연근새우전

이야기 요리

연근은 연꽃의 뿌리 부분으로 옛날에는 약으로 쓰일 정도로 몸에 좋은 채소지만 아이들이 잘 먹지 않는 채소 중 하나입니다. 연근에 고소한 새우살을 쏙쏙 넣어 전을 부치면 새우향이 솔솔 나고 고소한 맛은 더해져 아이들이 좋아하는 맛있는 반찬이 된답니다. 연근의 껍질을 벗기고 잘라서 속을 관찰하며 여러 개의 구멍이 송송 난 연근을 보더니 아이들은 연탄 같다고도 하고 벌집 같다고도 하더군요. 예전에 미술 시간에 물감찍기 놀이 한 것도 생각해 내고 말이죠. 연근은 껍질을 벗기고 썰어 놓으면 금새 색이 갈색으로 변하기 때문에 식초물에 담가 두거나 끓는 물에 식초를 넣고 삶아 내면 떫은 맛도 없어지고 색도 변하지 않는다는 것을 알려주면서 함께 삶았어요. 새우살, 당근, 브로콜리로 만든 반죽을 연근 구멍 속에 채워 찹쌀가루와 달걀 옷을 입혀 팬에서 구웠지요. 건희는 연근을 안 먹겠다고 투덜대더니 새우살을 넣어 맛이 궁금해졌는지 한입 먹어보더니 맛있다며 한그릇 밥을 뚝딱 먹었어요.

연근 200g
새우살 100g
당근 30g
브로콜리 30g
찹쌀가루 2큰술
소금 1/3작은술
달걀 1개
식초 1/2작은술
식용유 적당량
후춧가루 약간

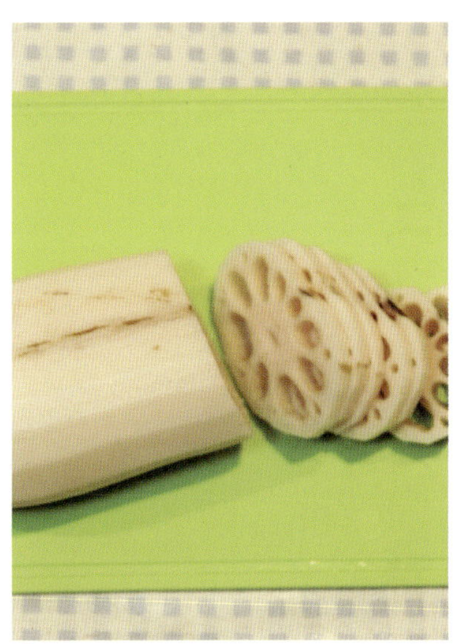

1 연근은 껍질을 벗기고 0.7cm 정도의 두께로 동그란 모양을 살려 썬다.

+ 연근은 연꽃의 뿌리 부분으로 식이섬유소가 풍부해서 우리 몸에 좋은 식재료라는 이야기를 나누어 보세요.

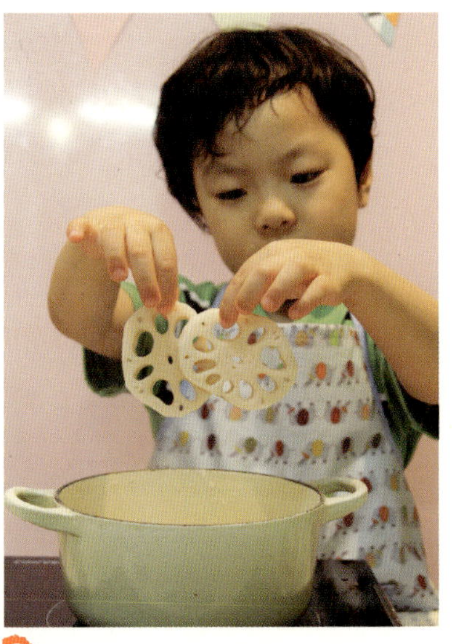

2 손질한 연근은 끓는 물에 식초를 약간 넣고 5~10분 정도 데쳐 건진다.

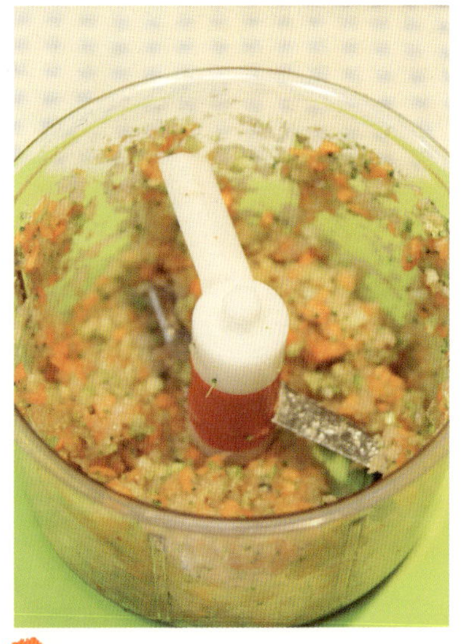

3 새우살, 당근, 브로콜리는 잘게 다진다.

+ 새우살과 채소 다지는 것이 힘들 때는 채소다지기 도구를 이용해도 좋아요.

4 볼에 다진 새우살, 당근, 브로콜리를 넣고 소금, 후춧가루, 찹쌀가루 1큰술을 넣고 버무린다.

5 데친 연근의 한쪽면에 새우살을 붙이고 찹쌀 가루를 한번 덧입힌 다음 달걀옷을 입힌다.

6 달군 팬에 기름을 두르고 연근을 올려 약한 불에서 앞뒤로 노릇하게 굽는다.

동그란 양파속에 옥수수가 가득!

옥수수양파링전

이야기 요리

옥수수는 쪄서 간식으로 먹는 것도 좋지만 톡톡 튀는 식감도 좋고 맛도 좋아 다양한 요리에 활용하기 좋아요. 아이들이 잘 먹지 않는 양파를 동그란 모양으로 잘라 옥수수알을 넣고 전을 부치면 모양도 재미있고 맛있는 영양식이 된답니다. 양파는 매운 맛이 난다는 생각에 늘 양파를 쏙쏙 빼놓는 건희가 맛있게 먹을 수 있도록 동그란 모양을 살렸어요. 양파를 썰 때는 조금 매워 눈물까지 살짝 흘렸지만 꿋꿋하게 잘 썰었지요. 재료를 모두 섞어 동그란 양파링 속에 채우는 과정이 조금 어려워 엄마가 도와주었어요. 팬에 기름을 두르고 옥수수 양파링전을 올려 앞뒤로 노릇하게 구울 때 아이들은 급한 마음에 센불에서 빨리 구워내고 싶어했지만 그러면 속은 익지 않고 겉만 타게 되고, 양파는 약한 불에서 오랫동안 구울수록 달콤하고 맛있다고 이야기 해주었지요. 옥수수 양피링전이 완성되자 아이들은 양파가 매우면 어쩌나 걱정을 했지만 막상 먹어보니 양파가 부드럽고 달콤한 맛이 난다면서 잘 먹었답니다.

양파 2개
옥수수알 1컵
보리새우 2큰술
피망 1/4개
빨강 파프리카 1/4개
밀가루 1컵
달걀 2개
소금·후춧가루 약간씩
식용유 적당량

1 양파는 동그란 모양을 살려서 썬 다음 큰 것은 사용하고 속의 작은 링은 잘게 다진다. 파프리카와 피망도 잘게 다진다. 옥수수알은 물기를 빼서 준비한다.

2 볼에 다진 양파, 옥수수알, 보리새우, 파프리카, 피망을 넣고 밀가루와 달걀물 3큰술, 소금, 후춧가루를 넣고 버무린다.

3 양파를 위생봉투에 넣고 밀가루를 넣고 흔들어 양파에 밀가루 옷을 입힌다.

옥수수 알을 떼면서
옥수수 하모니카 노래도 불러보고
하모니카 부는 놀이도 해보세요.

4 양파링 안쪽에 **2**의 옥수수 버무린 것을 채워 넣는다.

+ 양파링에 옥수수를 채울 때는 잘 빠져나올 수 있으니 손바닥 위에 올려 꾹꾹 눌러주세요.

5 **4**의 양파링에 밀가루 옷을 입히고 달걀 옷을 입힌다.

6 달군팬에 기름을 두르고 양파링을 올려 앞뒤로 노릇하게 구워낸다.

쌀로 만든 종이 속에 채소를 돌돌

라이스페이퍼롤

이야기 요리

라이스페이퍼롤은 여러 가지 채소들을 라이스페이퍼에 넣고 돌돌 말아 먹는 음식인데요, 채소를 별로 좋아하지 않는 우리집 아이들에게 인기 있는 요리랍니다.

우리 집에서는 평소 아이들이 잘 먹지 않는 채소들을 넣어 라이스페이퍼롤을 자주 만들어 먹습니다. 따뜻한 물에 라이스페이퍼를 잠시 넣었다 빼내면 단단했던 라이스페이퍼가 어느 순간 부드러워지는데 아이들은 이 과정을 좋아해서 스스로 뜨거운 물에 손이 데지 않도록 주의하면서 해보게 했어요. 라이스페이퍼는 쌀로 만들었다고 이야기 해주니 참 신기해 합니다. 부드러워진 라이스페이퍼에 준비한 채소들과 고기를 올리고 이불을 감싸듯이 돌돌 말면 맛있는 라이스페이퍼롤이 완성되어요. 고소한 참깨소스에 콕 찍어먹으면서 너무 맛있는 채소요리라고 하네요. 연희는 동생 건희가 어려워하는 것을 하나 하나 설명해가면서 도와주는 모습이 아주 의젓해보였어요.

라이스페이퍼 10장
사과·오이 1/4개씩
닭안심 5쪽
노랑·빨강 파프리카 1/4개씩
부추·새싹채소 30g씩
식용유 1/2큰술
(*재료 중 채소는 선택 가능)

닭안심 밑간

소금·후춧가루 약간씩

참깨 소스

마요네즈 2큰술
식초 2큰술, 우유 1큰술
설탕 2큰술, 참깨 4큰술
소금 약간

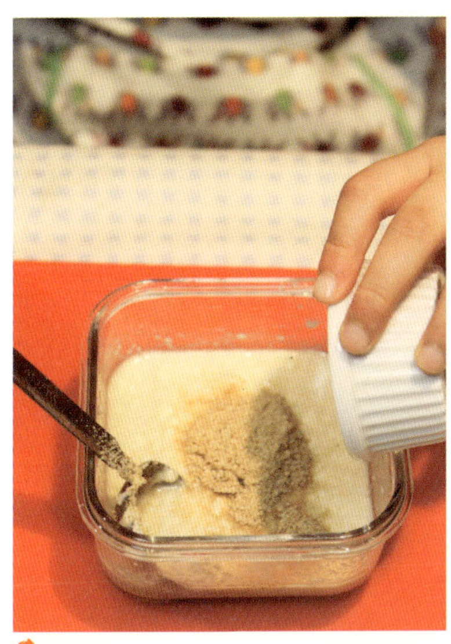

1 분량의 소스 재료는 모두 넣고 섞어 준다. 이때 참깨는 곱게 갈아 넣는다.

2 닭안심은 소금, 후춧가루를 뿌려 잠시 두었다가 기름을 두른 팬 위에 올려 굽고 식힌 다음 먹기 좋게 찢어 둔다.

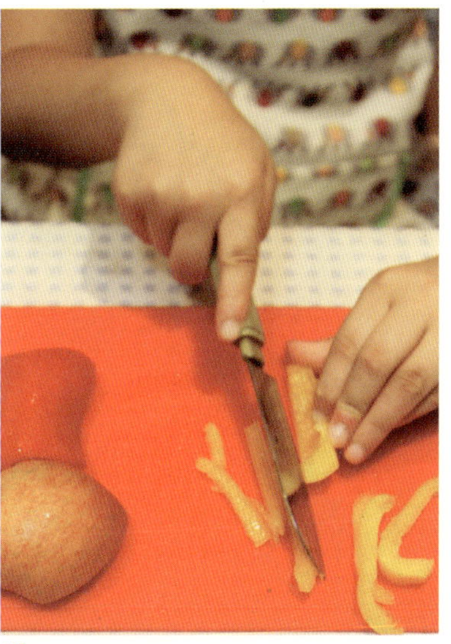

3 사과, 오이, 파프리카는 채썰고 부추는 5cm의 길이로 썬다. 새싹채소는 씻어서 물기를 빼 준비한다.

+ 레시피에 있는 재료 이외에 아이들이 싫어하거나 좋아하는 다양한 채소들을 넣어주세요. 과일이나 해산물, 고기 등을 넣어도 좋습니다.

4 그릇에 살짝 뜨거운 정도의 따뜻한 물을 붓고 라이스페이퍼를 넣은 뒤 10초 정도 지나면 건져낸다.

+ 라이스페이퍼는 물에 넣으면 서로 달라붙기 쉬우므로 여러 장을 넣지 않고 한 장씩 넣었다가 꺼내야 합니다.

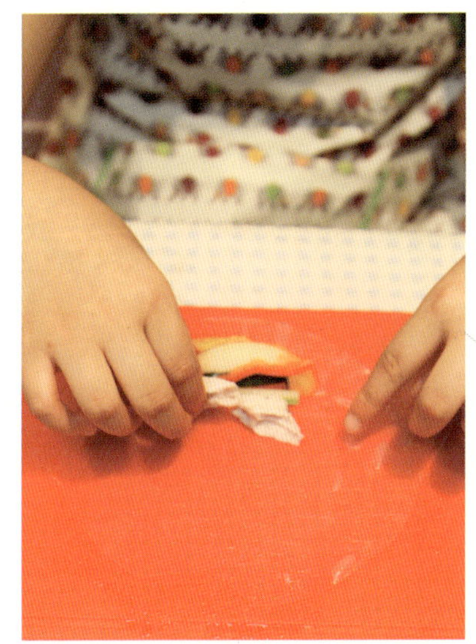

5 건진 라이스페이퍼를 도마 위에 올리고 한쪽 끝에 준비한 채소와 닭고기를 올린 다음 양쪽 끝에서 접어 올려 돌돌 말아준다. 접시에 담고 소스를 곁들여낸다.

+ 라이스페이퍼가 쌀로 만들었다는 것과 원래의 모습과 뜨거운 물에 담갔을 때의 상태 변화에 대해 이야기 나누어 보세요.

모든 재료를 큰 접시에 담고
온가족이 둘러앉아
각자 싸먹는 것도
좋은 방법이에요.

쉬렉 닮은 시금치만두

시금치만두

이야기 요리

우리집 아이들은 만두를 참 좋아합니다. 가끔씩 간식으로 준비해주곤 하지만 집에서 만드는 것이 번거로와 사먹을 때가 많지요. 시금치 만두는 시금치를 별로 좋아하지 않는 아이들에게 시금치도 먹이고, 시금치로 색을 낸 예쁜 만두랍니다. 시금치를 믹서기에 곱게 갈아 밀가루 반죽에 넣어 초록색으로 변하는 모습을 아이들은 매번 즐거워 하네요. 만두피를 만드는 과정은 엄마에게도 번거롭고 힘든 과정인데 아이들은 밀가루 놀이라고 생각해서 그런지 땀을 뻘뻘 흘리면서도 밀대로 밀고 밥뚜껑으로 동그랗게 찍어 내는 과정을 맘껏 즐겼어요. 만두피에 만두소를 넣고 오므리는 과정은 아이들이 힘들지 않을까 했지만, 연희는 언젠가 요리 수업에서 해본 적이 있다면서 나름의 방법으로 잘 만들었지요. 만두를 찜통에 찌고 진한 초록색의 만두가 완성되자 아이들은 시금치 맛은 안나고 색은 예쁜 맛있는 만두가 만들어졌다고 즐거워 했답니다.

만두피
시금치 30g(물 1/4컵 정도)
밀가루 1컵(120g정도)
소금·물 약간씩

만두소
다진돼지고기 200g
시금치 50g
양파 1/4개, 두부 1/4모
다진마늘 1/2큰술, 다진파 3큰술
소금1/2작은술, 후춧가루 약간

도구
컵, 밥그릇
(뚜껑 등 동그란 모양을 찍을 수 있는 것)

1 만두피 색을 낼 시금치는 물을 조금 넣고 믹서기에 곱게 갈아 준비 한다. 볼에 밀가루, 소금을 넣고 믹서기에 갈은 시금치를 조금씩 넣어가며 치대 만두피 반죽을 만든다.

+ 만두피에 시금치 이외에 당근, 단호박, 비트 등 다양한 재료를 갈아서 넣어 여러 가지 색을 만들어 보세요.

2 시금치와 양파는 잘게 다지고 두부는 물기를 빼서 곱게 으깨 둔다.

+ 아이들이 칼로 다지는 것이 힘들 때는 미니 다지기를 이용해도 좋아요.

3 볼에 다진 돼지고기와 시금치, 양파, 두부, 마늘, 파, 소금, 후춧가루를 넣고 잘 섞어 만두소를 만든다.

만두소에 들어가는 재료는
될 수 있으면 잘게 썰고
물기가 없어야 맛있게 만들어집니다.

4 **1**의 만두피 반죽을 밀대로 얇게 밀어 컵이나 동그란 모양 깍지로 찍어 만두피를 만든다.

+ 만두피를 만들 때 반죽을 밥공기, 컵, 국그릇 여러 가지 도구를 이용해 다양한 크기의 만두피를 만들어보고 비교해 보세요.

5 만두피에 **3**의 만두소를 한수저씩 떠 올린 뒤 반으로 접어 만두를 만든다.

6 김오른 찜통에 만두를 올리고 10분 정도 쪄 만두를 완성한다.

고소한 두부가 바삭바삭!

꿀땅콩두부강정

이야기 요리

요즘 아이들에게 인기 있는 간식 중 하나가 닭강정이에요. 닭강정은 닭을 튀겨서 달콤한 소스를 입혀 만든 것으로 달콤한 맛에 아이들이 좋아하지요. 꿀땅콩 두부강정은 바삭하게 구운 두부에 달콤한 꿀로 만든 소스를 입혀 만든 전혀 색다른 두부요리랍니다. 두부는 콩으로 만들어서 몸에 필요한 다양한 단백질이 풍부한 식품이에요. 칼로리 높은 치킨 강정 대신 담백하고 몸에 좋은 두부로 맛있고 고소한 강정을 만들어보세요. 두부에 녹말 옷을 입힐 때는 위생봉투에 넣고 흔들어 가루가 날리지 않고 간편하게 옷을 입힐 수 있어요. 달콤한 소스를 바글바글 끓여 구운 두부를 넣고 조리면 바삭하고 달콤한 맛있는 두부강정이 완성되지요. 아이들은 소스가 물처럼 맑다가 어느 순간 걸쭉하게 변하는 것을 신기해 했답니다. 건희는 고소한 땅콩이 씹히면서 맛은 아주 달콤해서 지금까지 먹어본 두부 요리 중에 최고로 맛있었다고 했어요.

두부 1/2모
녹말가루 4큰술
식용유 적당량

두부 밑간

소금·후춧가루 약간씩

소스

물 3큰술
간장 2큰술, 꿀 2큰술
다진마늘 1큰술
다진땅콩 4큰술
후춧가루 약간

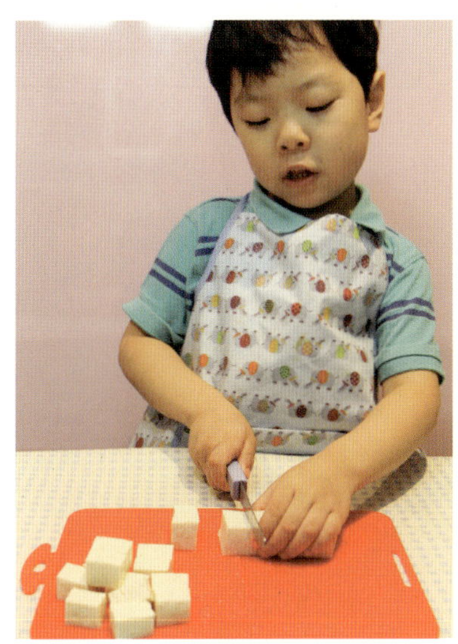

1 두부는 한입 크기로 깍둑썰기 한 다음 키친 타올 위에 올려 소금, 후춧가루를 뿌려 물기가 충분히 빠지도록 잠시 둔다.

+ 두부에는 수분이 많기 때문에 소금을 뿌린 뒤 충분히 물기를 닦아낸 다음 만들어야 바삭하고 맛있게 만들어집니다.

2 위생봉지에 녹말가루를 넣고 밑간한 두부를 넣고 살살 흔들어 녹말옷을 입힌다.

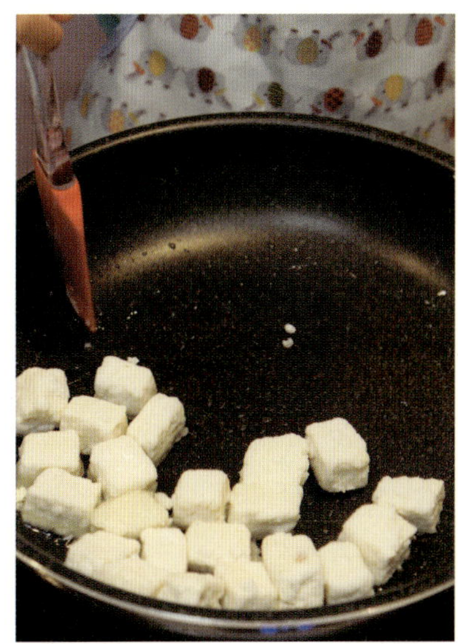

3 달군 팬에 기름을 넉넉히 두르고 2의 두부를 올려 사방으로 바삭하게 구워낸다.

+ 두부는 콩으로 만든 음식으로, 삶은 콩을 곱게 갈아 건더기는 걸러내고 남은 물에 간수를 넣고 끓인 뒤 틀에 붓고 물을 빼면 완성됩니다.

콩으로 만든 음식의 종류에 대해서 이야기 나누어 보세요.

4 팬에 물, 간장, 꿀, 다진마늘, 후춧가루를 넣어 끓인다.

5 소스가 바글바글 끓어 오르고 반 정도 졸아 들면 구운 두부를 넣고 버무린다.

+ 두부 대신 닭고기나 소고기 등을 이용해서 만들어도 좋아요.

6 소스가 거의 없을 정도로 조려지면 다진 땅콩을 넣고 한번 더 버무려 완성한다.

알알이 톡톡 달콤한 맛탕

옥수수맛탕

이야기 요리

맛탕은 보통 고구마로 많이 해먹는데 옥수수 맛탕은 다양한 채소에 밀가루를 넣어 반죽해서 기름에 튀겨 시럽을 입혀 만들었어요. 알알이 톡톡 터지는 식감도 좋은 데다가 피망과 파프리카까지 듬뿍 넣어 씹는 맛이 좋은 옥수수 맛탕은 달콤한 설탕 시럽 덕분에 아이들이 채소를 거부감 없이 잘 먹는답니다. 옥수수를 손으로 일일이 떼어내는 것도 아이들에게는 소근육을 발달시키면서 재미있는 놀이가 되지요. 채소를 작게 썰고 밀가루를 넣어 섞으면 맛탕 반죽이 완성. 튀길 때는 기름이 튈 수 있기 때문에 엄마가 도와주셔야 해요. 건희도 처음에는 겁이 나서 위험해서 하지 않겠다고 하더니 엄마가 하는 것을 보고 몇 번 해보았어요. 달콤한 시럽도 만들었지요. 건희는 처음에는 옥수수 맛만 나던 맛탕을 시럽에 조리자 아주 달콤한 맛이 나서 더 맛있다고 하더군요. 고구마 맛탕도 맛있지만 옥수수 맛탕은 입안에서 톡톡 튀겨 더 재미있고 맛있다고 했답니다.

옥수수 2개
피망·빨강 파프리카 1/4개
땅콩 30g
검은 깨 1큰술, 밀가루 5큰술
달걀 흰자 1개분량
소금 1/3작은술
튀김기름 2컵 정도

소스
물 3큰술
설탕·물엿 3큰술씩
식용유 1큰술

1 피망, 파프리카는 옥수수알 크기로 자르고 옥수수는 알을 떼어 준비한다.

+ 옥수수가 한창 나는 여름에는 직접 옥수수알을 아이들과 따서 함께 만들어보세요. 옥수수의 맛도 느껴보고 옥수수알을 떼어내는 것도 시합해보면서요.

2 볼에 옥수수알, 다진 피망과 파프리카, 땅콩, 검은깨를 넣고 달걀흰자와 밀가루, 소금을 넣고 잘 버무려 반죽을 만든다.

튀기는 과정은
기름이 튈 수 있어 위험하니
꼭 엄마가 도와주세요.

3 냄비에 기름을 붓고 2의 반죽을 한숟가락씩 떼어 넣고 바삭하게 두 번 튀긴다.

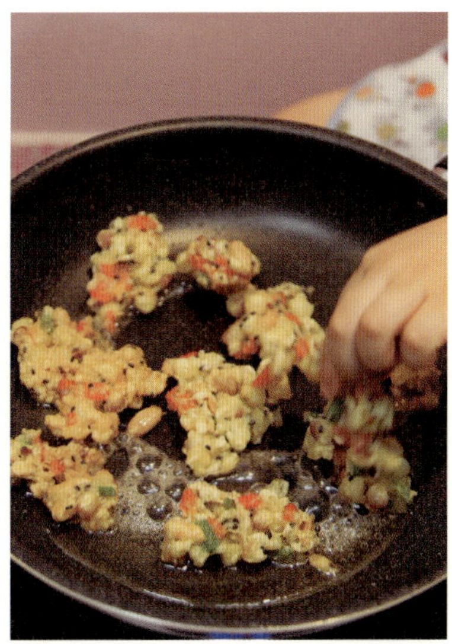

4 팬에 소스 재료를 모두 넣고 바글바글 끓어 오르면 튀긴 옥수수 맛탕을 넣고 국물이 없을 때 까지 조려 완성한다.

+ 서로 달라붙지 않게 하나씩 떼어서 종이호일 위에서 식히면 겉면이 바삭하게 윤기 나는 맛탕이 만들어집니다.

감자와 파프리카를 통째로

감자팬케이크

이야기 요리

감자팬케이크 모양은 팬케이크 같지만 감자와 파프리카를 넣어 더 맛있고 몸에 좋은 팬케이크랍니다. 아이들이 먹기 좋게 작은 모양으로 만들어서 치즈까지 얹어 주었더니 더 맛있는 팬케이크가 되었답니다. 감자는 믹서기에 가는 것보다 강판에 가는 것이 맛이 더 좋고 영양소의 파괴도 적어 적은 양을 만들 때에는 강판에 가는 게 좋아요. 아이들도 손이 다치지 않도록 조심하면서 강판에 갈아보더니 조금 힘들기는 하지만 재료들이 곱게 갈아지는 것을 보고 느낄 수 있었답니다. 팬케이크에 파프리카를 넣어서 파프리카 고유의 색을 띠어 색이 더 예뻐진 것을 보고 다음에는 다른 색의 채소를 넣어보자는 이야기도 하더군요. 아이들이 좋아하는 치즈를 올리니 감자 고유의 담백한 맛과 치즈의 고소한 맛이 어울려 간장이나 다른 소스 없이 치즈 맛으로 맛있게 먹을 수 있답니다. 완성된 팬케이크를 보고 건희는 그날 읽은 책에 나오는 애벌레 모양으로 만들어 엄마를 감동시켰지요.

감자 2개
파프리카 1개
소금 1/4작은술
밀가루 1/2컵
달걀 1개
버터 1큰술
모차렐라치즈 1컵

다양한 색의 파프리카나 피망을 갈아서 여러 가지 색의 반죽을 만들어보세요.

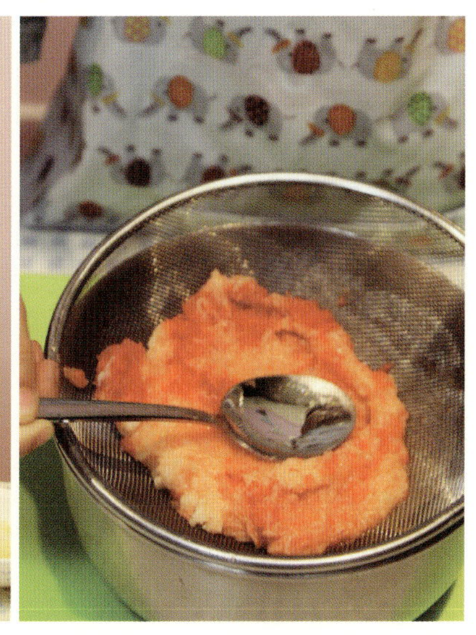

1 감자와 파프리카는 강판에 곱게 간 다음 체에 받쳐 물기를 뺀다.

+ 감자와 파프리카를 강판에 가는 과정은 손가락의 힘을 기르게 하고 주의력과 집중력을 키울 수 있어요.

2 볼에 감자와 파프리카를 넣고 밀가루, 달걀, 소금, 후춧가루를 넣어 잘 섞는다.

3 달군 팬에 버터를 녹이고 **2**의 반죽을 한 숟가락 씩 떠 올려 얇게 펴 부친다.

+ 여러 개의 팬케이크를 만들어서 아이들과 함께 접시를 꾸미거나 모양을 만드는 창의적 활동을 해보세요.

4 한쪽 면이 다 익으면 뒤집은 뒤 그 위에 모차렐라 치즈를 올려 녹도록 굽는다.

+ 치즈가 잘 안 녹을 때에는 불을 약하게 줄이고 뚜껑을 덮어 치즈를 녹여주세요.

짜장면이 생각날 때

짜장볶음쌀국수

이야기 요리

아이들에게 인기가 많은 짜장면은 집에서 만들기 번거로울 수 있는데요, 쌀국수를 이용하면 쉽게 만들 수 있답니다. 쌀국수는 아주 딱딱한 국수의 모습이지만 쌀로 만든 국수라고 알려주고 물에 불려 먹으면 부드러워 진다고 하니 신기해 했지요. 채소들을 준비 한 뒤 기름에 볶고 짜장 분말을 넣었더니 정말 밖에서 사먹던 짜장 소스가 금새 만들어졌어요. 처음에는 이상한 검은 가루를 넣는다며 의아해 했지만 짜장 분말을 넣고 채소들을 볶자 금새 맛있는 소스로 변신하니 아주 흡족해하더군요. 그래서 원래는 춘장이라는 소스를 기름에 볶아 사용해야 하는 데 그 과정이 복잡하고 번거로워서 집에서도 쉽게 만들기 위해 가루로 만든 소스라는 것을 알려주었어요. 연희는 금새 이 소스를 이용해서 짜장덮밥도 만들면 좋겠다는 말을 하더군요. 건희는 완성된 짜장쌀국수를 먹어 보고는 사먹는 것보다 더 맛있다며 누나를 '꼬마요리사'라고 불렀답니다.

쌀국수 150g
새우살 50g
양파 1/2개, 파프리카 1/4개
브로콜리 50g, 숙주 100g
옥수수알 3큰술
짜장분말 4큰술
굴소스 1/2큰술, 매실청 1큰술
후춧가루 약간
식용유 2큰술

1 새우살은 옅은 소금물에 흔들어 씻는다. 쌀국수는 찬물에 30분 정도 담가 불려둔다.

+ 쌀국수는 따뜻한 물에 불리면 익어서 풀어지게 됩니다. 꼭 찬물에 불려야 합니다.

2 양파, 파프리카는 채 썰고 브로콜리는 한입 크기로 썬다. 숙주는 씻어서 물기를 빼둔다.

3 팬에 기름을 두르고 새우살을 넣어 볶는다. 새우살이 반쯤 익으면 양파도 넣어 볶는다.

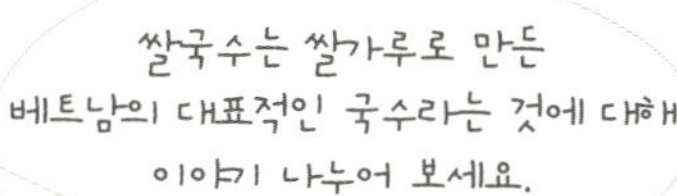

쌀국수는 쌀가루로 만든
베트남의 대표적인 국수라는 것에 대해
이야기 나누어 보세요.

4 양파가 투명하게 볶아지면 파프리카와 브로콜리, 옥수수알을 넣고 짜장분말과 굴소스, 매실청, 후춧가루를 넣어 잘 섞이도록 섞는다. 이때 소스가 너무 뻑뻑하면 물을 약간 넣는다.

+ 짜장은 춘장이라는 소스를 볶아 만드는 요리로 중국의 대표적인 소스입니다. 짜장분말은 춘장을 미리 볶아 집에서 조리 하기 쉽게 만든 식재료입니다. 요리에 넣으면 맛과 색이 어떻게 변하는지 이야기 나누어 보세요.

5 소스가 잘 섞이면 미리 불려둔 쌀국수와 숙주를 넣고 잘 섞어가며 볶아 완성한다.

먹을 수 있는 크리스마스 트리

브로콜리트리

이야기 요리

크리스마스에는 모두가 들떠 있고 즐거운 파티를 기대하게 됩니다. 브로콜리 트리는 아이들과 함께 특별한 크리스마스 파티 음식을 만들 때 추천하고 싶은 요리입니다. 브로콜리 트리는 감자 샐러드를 만들어 브로콜리로 장식해서 트리 모양으로 만든 것인데 식탁 위의 작은 브로콜리 트리는 크리스마스 기분도 한껏 내고 맛도 좋아 아이들에게도 즐거운 이벤트가 된답니다. 그릇에 감자 샐러드를 나무 모양으로 쌓고 그 주위에 브로콜리와 방울토마토를 꽂아 장식하고 별과 달걀 노른자로 장식을 마치니 정말 귀여운 먹는 트리가 완성 되었어요. 아이들은 다 만들고 나서 뿌듯해 하면서 신나게 사진도 찍었답니다. 지난 크리스마스 날에 만들어 냉장고에 두었다가 저녁 식사 시간에 꺼내서 온 가족이 함께 초도 꽂아 불을 밝힌 뒤 맛있게 먹었답니다. 아이들은 다음에는 조금 더 크게 만들고 싶다고 했는데 과연 얼마나 크게 만들고 싶어할지 모르겠습니다.

감자3개, 달걀1개
브로콜리 2송이
옥수수알 4큰술
방울토마토10개
게맛살 3쪽
건포도 20g, 당근 30g
마요네즈 3큰술, 꿀 2큰술
플레인 요구르트 4큰술
소금·후춧가루 약간씩

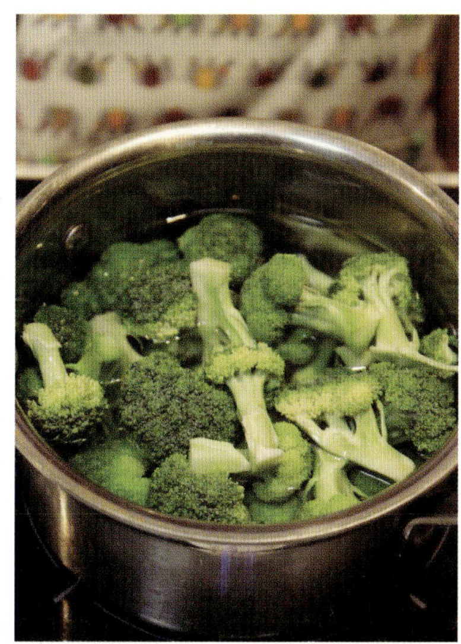

1 브로콜리는 작은 송이대로 잘라 씻은 뒤 끓는 물에 소금을 넣고 살짝 데친 다음 찬물에 헹구고 물기를 빼 놓는다.

2 감자는 삶아서 껍질을 벗기고 곱게 으깬다.

3 달걀 노른자는 강판에 갈아 곱게 가루를 만들고 흰자는 잘게 다진다. 게맛살은 잘게 다지듯 썬다. 방울 토마토는 반으로 자른다. 당근은 얇게 썰어 모양깍지로 별모양을 찍어 둔다.

4 볼에 으깬 감자, 달걀흰자, 옥수수알, 건포도, 마요네즈, 플레인 요구르트, 꿀, 소금, 후춧가루를 넣고 잘 섞어 샐러드를 만든다.

5 그릇 위에 원뿔 형태로 감자 샐러드를 쌓아 올린다.

+ 브로콜리로 어떻게 트리 모양을 꾸밀지에 대해 상상해보고 아이들이 스스로 마음껏 꾸미고 장식할 수 있도록 도와주세요.

6 감자 샐러드 둘레에 삶은 브로콜리와 방울토마토를 돌려 꽂아 트리 모양을 만든다. 별모양 당근으로 장식하고 달걀 노른자 가루를 윗부분에 뿌려 완성한다.

+ 먹을 때에는 감자샐러드와 브로콜리를 섞어서 먹으면 됩니다. 또는 빵을 준비해 놓고 샌드위치 속으로 만들어 먹어도 좋아요.

차갑게 먹는 파스타

숏파스타

이야기 요리

파스타는 아이들이 좋아하는 요리 중에 하나입니다. 특별한 날에는 평범한 파스타 대신 꼬불꼬불 꼬인 파스타면에 차가운 소스를 더해 특별한 파스타를 만들어보세요. 맛도 좋아 아이들에게 인기 만점인 파스타가 될 거에요. 큰 그릇에 담아 자신의 그릇에 담게 하는 것 보다 투명한 컵이나 그릇에 담아 아이들에게 하나씩 나누어 주면 더 특별한 기분을 느끼게 해 줍니다. 스파게티를 좋아하는 우리 집 건희는 꼬불꼬불한 모양의 푸실리 면을 정말 좋아해요. 건희는 가끔씩 엄마한테 꼬불꼬불 스파게티를 만들어 달라고 합니다. 숏파스타는 시원하게 먹는 파스타라 더운 여름에 먹으면 더욱 맛있어요. 아이들은 처음에는 따뜻하게 먹는 스파게티 인줄 알았다가 차갑게 해서 먹는 스파게티 라고 했더니 어떤 맛일지 궁금해 했지요. 완성된 숏파스타를 먹어본 아이들은 맵지도 않고 먹기도 편하고 아주 맛있다고 했어요.

푸실리 150g, 소시지 100g
방울토마토 10개
빨강·노랑·초록 파프리카 각 1/4개씩
양파 1/4개, 마늘 3쪽
소금·후춧가루 약간씩

소스

토마토 소스 1/2컵, 케첩 4큰술
식초·꿀·올리브유 2큰술씩
후춧가루 약간

1 푸실리는 끓는 물에 소금을 약간 넣고 완전히 익을 때까지 10분 정도 데치고 체에 받쳐 식힌다.

+ 딱딱했던 파스타 면은 삶으면 어떻게 변하는지에 대해 이야기해 봅니다.

2 소시지는 동그란 모양을 살려 썰고 방울 토마토는 반으로 썬다. 양파는 잘게 다지고 마늘은 편으로 썬다. 파프리카는 한입 크기로 네모나게 썬다.

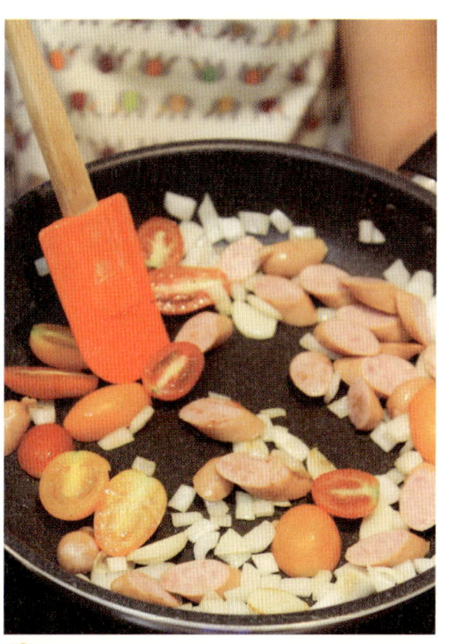

3 달군 팬에 올리브유를 두르고 마늘을 넣어 익힌다. 마늘이 익으면 양파, 방울토마토, 소시지를 넣고 센 불에서 살짝 익힌 뒤 꺼내 식힌다.

4 볼에 분량의 소스 재료를 모두 넣고 섞는다.

5 소스가 골고루 다 섞이면 삶은 푸실리와 볶은 채소와 소시지, 파프리카를 넣고 섞은 뒤 모자라는 간은 소금, 후춧가루로 해서 완성한다.

+ 미리 만들어서 냉장고에 넣고 차갑게 식히면 더 맛있게 먹을 수 있는 파스타입니다.

파스타는 이탈리아 전통 음식인 것과 면의 모양에 따라 다양한 파스타면이 있다는 것에 대해 알려주세요.

c o o

t i

PART 4

밀가루로 놀면서 만드는 과자&쿠키&빵

토르티야마늘과자
키위두유양갱
눈사람스노우볼
꽃모양스콘
견과류방망이
채소쿠키
곰돌이쿠키
피넛블러섬쿠키
아이싱쿠키
유령쿠키
초코크림슈

—
동글동글구름빵
동물얼굴단팥빵
소시지채소빵
계란빵
식빵카레빵
못난이빵
백설기컵케이크
당근컵케이크
채소찹쌀도넛
곰돌이도넛
도라야끼
파인애플핫케이크
팬케이크탑
양파잼꽃모양샌드위치
새싹샌드위치
삼색샌드위치
미니햄버거
꼬마핫도그
만두피사과파이

토르티야만 있으면 뚝딱

토르티야마늘과자

이야기 요리

토르티야는 멕시칸 요리에 자주 사용되는 밀전병의 일종인데요. 요즘에는 집에서 간단하게 피자를 만들 때나 샌드위치용으로 자주 사용합니다. 토르티야마늘과자는 마늘향이 솔솔 나면서도 달콤한 맛 때문에 아이들이 무척 좋아한답니다. 건희는 토르티야마늘과자를 아주 좋아해서 자주 만들자고 하지요. 이제는 마늘 소스도 알아서 척척 만들어 토르티야 위에 잘 펴 바른답니다. 소스를 많이 발라야 맛있다고 생각해서인지 욕심을 내 숟가락으로 듬뿍 떠서 바르려고 하지만 너무 많이 바르면 마늘 맛이 강해서 별로 맛이 없다는 엄마의 이야기에 다시 덜어내지요. 주방 가위로 토르티야를 자를 때 좀 어려워 해 잘못 잘라도 상관 없으니 종이를 자르는 것처럼 해보자고 했더니 자신감을 가지고 쓱싹 잘 잘랐어요. 바삭바삭하면서도 달콤한 토르티야마늘과자는 시판 과자처럼 너무 달지도 짜지도 자극적이지 않아 아이들 간식으로 최고랍니다.

(*20개 분량)
토르티야 3장
다진 마늘 1큰술
땅콩 30g
올리브유 2큰술
소금 1/2작은술
설탕 1큰술
파슬리 가루 약간

1 볼에 다진 마늘, 올리브유, 소금, 설탕, 파슬리 가루를 넣고 잘 섞는다.

2 토르티야에 1의 마늘 소스를 골고루 펴 바른다.

3 소스를 바른 토르티야 위에 다진 땅콩을 골고루 뿌린다.

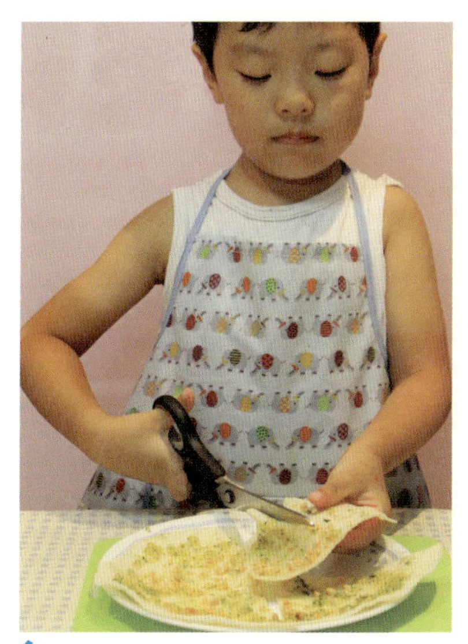

4 가위로 토르티야를 먹기 좋은 크기로 자른다.

5 오븐 팬 위에 토르티야를 올리고 180℃로 가열한 오븐에서 10분 정도 노릇해지도록 구워낸다.

+ 오븐이 없을 때에는 기름을 두르지 않은 팬에 또띠아를 올리고 약한 불에서 앞뒤로 구우면 바삭한 과자를 만들 수 있어요.

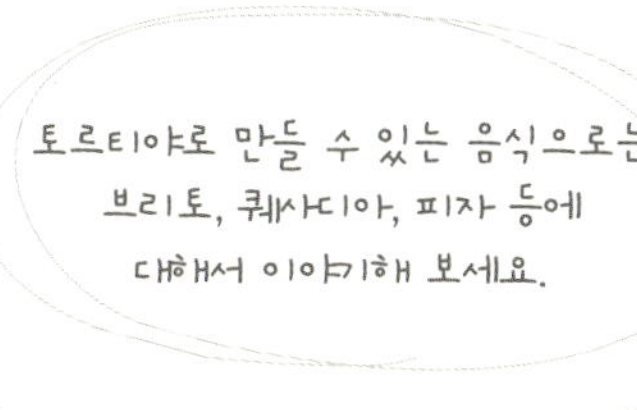

토르티야로 만들 수 있는 음식으로는
브리토, 퀘사디아, 피자 등에
대해서 이야기해 보세요.

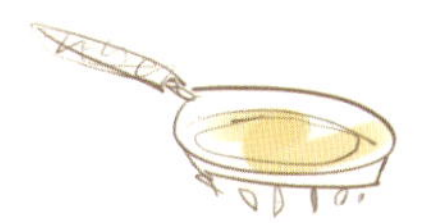

양갱 속에 콕 박혀버린 키위

키위두유양갱

이야기 요리

양갱은 예전부터 먹던 달콤한 간식으로 출출할 때 먹으면 딱 좋지요. 양갱에는 우뭇가사리로 만든 한천가루를 사용하는데 젤리처럼 말랑말랑한 식감이 나요. 좀더 맛있게 만들려고 아이들이 좋아하는 키위와 몸에 좋은 두유를 넣어 건강한 간식으로 만들었지요. 처음에 아이들은 양갱이 어떤 음식인지도 몰랐고 좋아하지도 않았어요. 한천가루는 우뭇가사리라는 것을 가공해서 가루로 만든 것으로 물에 넣고 끓인 뒤 굳히면 요술처럼 말랑말랑한 음식이 된다고 하니 호기심에 열심히 요리 했답니다. 만드는 과정은 간단 하지만 그릇에 키위를 넣고 앙금 녹인 것을 부을 때까지만 해도 어떤 모양과 맛이 날지 별로 관심이 없었던 건희는 가운데 키위가 쏙 박힌 양갱이 만들어지자 내가 만든 것이 이게 맞냐면서 정말 기뻐하더군요. 건희를 위해 남은 앙금을 레고 모양 틀에 넣어 굳히니 레고 양갱이 만들어졌어요. 건희는 이 레고 양갱은 자기 것이라며 맛있게 먹었답니다.

(*10개 분량)
키위 2개

두유양갱
두유 140g
한천가루 5g
꿀 1큰술
백앙금 150g

단팥양갱
물 140g
한천가루 5g
꿀 1큰술
단팥앙금 150g

두유 양갱

1 키위는 껍질을 벗겨 통째로 준비한다.

2 냄비에 두유와 한천가루를 넣고 10분 정도 두어 한천가루를 불린 다음 불에 올려 끓여 거품이 나면 약한 불에서 백앙금을 넣고 섞어 끓인다. 걸쭉한 상태가 되면 불에서 내려 물엿을 넣고 잘 섞는다.

+ 한천가루는 우뭇가사리라는 식물을 가공해서 가루로 만든 것으로 보통 젤리나 묵처럼 액체를 말랑말랑한 상태로 굳게 할 때 사용합니다.

3 네모난 틀이나 그릇에 키위를 가지런히 넣고 키위가 반쯤 덮이도록 2의 백앙금을 넣고 실온에서 잠시 둔다.

양갱을 완성하기 전 어떤 모양이 나올지 상상하고, 직접 양갱을 잘라 보아 어떤 단면이 나오는지 확인해 보는 것도 재미있어요.

단팥 양갱

1 다른 냄비에 물과 한천가루를 넣고 10분 정도 두어 한천가루를 불린 다음 불에 올려 끓인다.

2 물이 끓으면 약한 불에서 단팥앙금을 넣고 섞어가며 끓인다. 걸쭉한 상태가 되면 불에서 내려 물엿을 넣고 잘 섞는다.

3 틀에 나머지 단팥앙금을 넣어 키위가 잠기게 하고 냉장고에서 1시간 정도 굳혀 자른다.

+ 초콜릿 몰드나 모양 틀에 넣어 굳히면 다양한 모양의 양갱을 만들 수 있어요.

과자로 만드는 꼬마 눈사람

눈사람스노우볼

이야기 요리

아이들은 밀가루로 쿠키나 빵을 만드는 걸 재미있는 놀이라고 생각합니다. 스노우볼은 크리스마스때 만들어 먹는 동글동글한 과자의 일종이에요. 눈처럼 하얀 슈가파우더를 뿌려 먹기 때문에 스노우볼이라고 불리우지요. 건희는 어떻게 눈사람 모양 과자를 만들 수 있는지 무척 궁금해 했어요. 반죽으로 작은 동그라미를 만들 때는 혼자서도 잘 할 수 있다고 도와주지 말라기에 건희에게 모든 것을 맡기고 기다려 주었더니 조금 삐뚤빼뚤하고 예쁘진 않아도 아주 잘 만들었어요. 눈사람을 만들 듯 두 개의 쿠키를 포갠 뒤 꼬깔 모양 과자로 모자까지 씌워 주니 눈사람스노우볼이 완성되었어요. 건희는 한동안 바라 보면서 눈사람과 대화까지 하더니 이내 먹어보고 입에서 눈처럼 사르르 녹는다며 맛있게 먹었어요. 아이들과 함께 눈사람 스노우볼을 만들고 꾸며보면서 외출 하기 힘든 겨울을 지내는 것도 좋겠지요.

(*25개 분량)

박력분 100g
차가운 버터 70g
아몬드가루 20g
호두 80g
슈가파우더 30g
소금 1g
장식용 슈가파우더 5큰술
고깔모양 과자 약간
화이트 초코펜

1 버터는 차가울 때 잘게 잘라 박력분, 아몬드가루, 슈가파우더, 소금을 넣고 손으로 비벼 준다.

2 1의 버터가 가루와 섞여 소보루 상태가 되면 잘게 다진 호두를 넣고 한덩어리로 뭉친다.

+ 버터를 잘 섞는 것이 어려울 때에는 푸드프로세서에 모든 재료를 넣고 가루가 보이지 않을 정도로 돌리면 됩니다.

3 2의 반죽을 작게 떼어 동그랗게 만든 뒤 조금 더 작은 동그라미도 같은 숫자대로 만든다.

4 3의 쿠키 반죽을 오븐팬에 올리고 180℃로 예열한 오븐에서 15~20분 정도 굽는다. 구워진 쿠키는 완전히 식힌 뒤 슈가파우더에 넣고 굴려 가루를 입힌다.

5 조금 큰 쿠키 위에 작은 쿠키를 올리고 그 위에 고깔모양 과자를 얹어 완성한다. 이때 고정이 잘 안될 때에는 초코펜을 이용해서 화이트 초콜릿을 발라 붙여준다.

+ 고깔모양 과자를 고정 시키고 싶을 때에는 화이트 초콜릿을 살짝 녹여 과자의 끝부분에 바른 다음 올려서 굳히면 됩니다. 또 다양한 색의 펜으로 눈사람을 꾸며주어도 좋아요.

아이들과 함께 다양한 재료로 다양한 모습의 눈사람 모양을 만들어보세요.

접시 위에 예쁜 꽃이 피었어요

꽃모양스콘

이야기 요리

갓 구운 스콘에 잼을 발라 먹으면 정말 맛있지요. 스콘은 집에서도 손 쉽게 만들 수 있어요. 보통은 동그랗거나 세모난 모양으로 만드는데, 들어가는 재료를 달리하고 꽃 모양으로 만들어 보았어요. 각각의 색이 다른 스콘들이 꽃모양으로 만들어질 생각을 하니 벌써부터 기분이 좋아진다는 연희는 반죽을 눈대중으로 세 개로 비슷하게 나누는 작업을 할 때 학교에서 배우는 분수이야기도 하고 수학과 관련된 이야기도 제법 하며 나누기가 쉽지는 않다고 했지요. 스콘이 완성되고 아이들은 각자 어떤 것을 먹을지에 대해 서로 이야기 하더니 결국엔 각자 다른 맛을 하나씩 먹어보았지요. 엄마가 나누어주지 않아도 서로 이야기 하면서 나누어 먹고 챙기는 모습이 참으로 대견스러웠어요.

(*15개 분량)
박력분 250g
파마산 치즈가루 30g
버터 70g
설탕 40g
소금 2g
베이킹파우더 4g
우유 90g
크랜베리 30g
초코칩 30g
파슬리 가루 1큰술
달걀노른자 1개분

도구
스크래퍼
꽃모양 깍지(또는 모양틀)

1 볼에 박력분, 파마산치즈가루, 설탕, 소금, 베이킹 파우더를 넣고 차가운 버터를 넣어 스크래퍼로 버터를 잘라가며 섞는다.

+ 스콘은 바삭한 식감이 있도록 만드는 것이 좋아요. 차가운 버터를 사용하고 가루가 보이지 않을 정도로 살짝만 섞어 만드는 것이 포인트입니다.

2 버터가 섞여 소보로 상태가 되면 반죽을 3개로 나눈다. 각각의 반죽에 우유를 30g씩 넣고 크랜베리, 초코칩, 파슬리가루를 각각 넣어 섞어 한 덩어리로 만든다.

+ 반죽을 3개로 나누면서 눈대중을 익히는 감각을 알려주세요.

3 **2**의 반죽을 각각의 비닐봉지에 넣고 밀봉해서 냉장고에서 30분 정도 휴지시킨다.

4 **3**의 반죽을 밀대로 밀어 편 다음 꽃모양 깍지로 찍어 오븐팬 위에 올린다.

5 스콘 반죽 윗면에 달걀 노른자를 붓으로 바른 다음 190℃에서 20~25분 정도 굽는다.

+ 꽃모양 스콘과 여러 가지 식재료를 이용해서 꽃밭을 꾸며보는 활동도 해봅니다.

스콘 윗면에 달걀 노른자를 발라야 색이 예쁘고 빛이 나 더 맛있답니다.

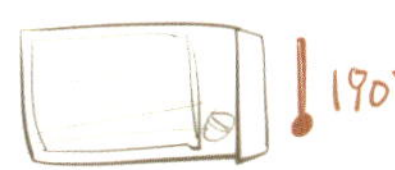

과자로 만드는 도깨비 방망이

견과류방망이

이야기 요리

건희가 도깨비 동화책을 읽어주자 도깨비 방망이가 하나 있었으면 좋겠다는 이야기를 하더군요. 마침 옆에서 책을 읽던 누나는 문득 전에 친구들과 한번 만들었던 시리얼 방망이가 생각났는지 그걸 건희에게 만들어 주면 어떨까 라고 말하더군요. 견과류 방망이는 집에 있던 시리얼과 견과류로 재미있는 과자를 만들 수 있고 하나씩 포장해서 친구들 선물로 주기에도 좋답니다. 버터와 마시멜로우를 녹여 시리얼과 섞은 뒤 꾹꾹 뭉치는 과정에서 과자가 좀 뜨거워서 고생했지만 조심조심 과자를 뭉치고 막대에 꽂아 도깨비 방망이를 만들었답니다. 처음에는 모양이 잘 고정되지 않아 고생하더니 몇번 만든 뒤 요령이 생겨 제법 도깨비 방망이 다운 과자를 만들었어요. 다 만들어진 도깨비 방망이를 선물 받은 건희는 도깨비 방망이가 너무나 맘에 들었는지 먹지는 않고 놀기만 했지요.

(*8개 분량)
시리얼 3컵
땅콩 20g
해바라기씨 1큰술
건포도 25g
다진호두 5쪽
막대과자 8개
버터 50g
마시멜로우 40~50g

1 땅콩과 호두는 잘게 다진다.

2 버터와 마시멜로우를 프라이팬에 담고 약한 불에서 녹여 잘 섞는다.

도깨비가 나오는 동화를 읽고 도깨비 방망이가 있으면 하고 싶은 일들에 대해 이야기 해봅니다.

3 버터와 마시멜로우가 녹아 잘 섞이면 시리얼, 땅콩, 해바라기씨, 건포도, 호두를 넣고 골고루 섞는다.

+ 몸에 좋은 견과류인 호두, 해바라기씨, 땅콩 등의 이름을 알고 맛도 보고 식감도 느껴 봅니다.

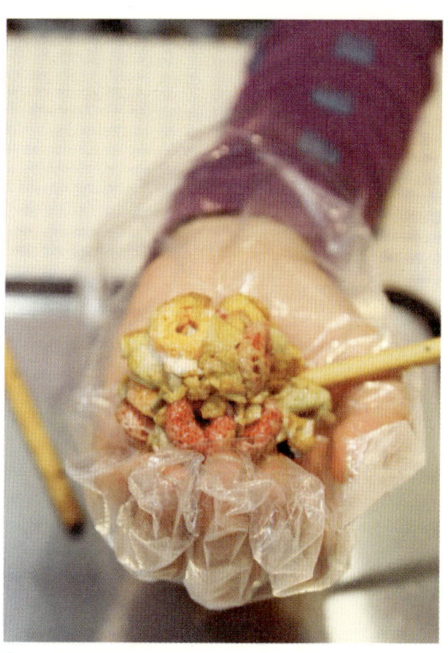

4 **3**의 시리얼을 탁구공 크기로 떼어낸 다음 가운데 막대과자를 꽂고 동그랗게 모양을 만들어 꾹꾹 눌러 굳힌다.

+ 시리얼을 뭉칠 때 뜨거울 수 있으니 한김 식힌 다음에 뭉쳐주세요.

채소가 쿠키 속에 숨었어요

채소쿠키

이야기 요리

채소를 잘 안먹는 아이들에게 채소를 먹이는 또 하나 요리, 채소쿠키가 있어요. 아이들이 직접 썰고 다지고 밀가루 반죽을 하면서 좋아하는 모양 깍지로 찍어 만드는 과정은 찰흙놀이 하는 것 보다 더 재미있는 시간이랍니다. 아이들은 처음에는 채소를 넣어 쿠키를 만든다는 이야기에 아무래도 맛이 없을 것 같다면서 시큰둥한 반응을 보였지만 반죽을 하고 좋아하는 소방차, 배, 비행기 모양의 모양깍지로 모양을 찍고 놀면서 채소가 들어갔다는 것은 잊고 말았지요. 쿠키가 완성되자 싫어하는 브로콜리는 아예 생각도 나지 않는지 앉은 자리에서 쿠키 한판을 다 먹어버렸어요. 아이들이 너무나 좋아하는 채소쿠키가 되었답니다.

(*30~40개 분량)
당근 50g
브로콜리 50g
양파 1/4개
박력분 180g
설탕 25g
베이킹파우더 1작은술
소금 2g
포도씨유 60g

1 브로콜리와 당근은 최대한 잘게 다진다. 양파는 강판에 갈아서 즙만 따로 걸러둔다.

2 다진 브로콜리와 당근은 달군 팬에 그냥 올려 최대한 약한 불에서 수분이 날아가도록 10분 이상 저어가며 볶는다.

+ 채소는 최대한 수분이 많이 날아갈 수 있도록 약한 불에서 오랫동안 볶아주는 게 좋아요. 전날 저녁에 미리 썰어서 바람이 잘 통하는 곳에서 말렸다가 사용해도 좋아요.

3 볼에 설탕과 포도씨유, 양파즙을 넣고 섞는다.

아이 스스로 반죽을 뭉치고 밀대로 얇게 미는 과정은 찰흙놀이처럼 아이들의 심신을 안정시키고 편안한 마음을 갖게 합니다.

4 3에 체에 내린 박력분, 베이킹파우더, 소금을 넣어 한번 섞은 다음 볶은 당근, 브로콜리와 검은깨를 넣고 날가루가 보이지 않을 정도로만 섞어 한 덩어리로 만들어 비닐봉지에 잘 싼다.

5 4의 비닐봉지에 넣은 반죽을 냉장고에서 30분 정도 넣었다 꺼내 밀대로 최대한 얇게 민다.

+ 반죽을 밀대로 밀 때는 최대한 얇게 밀어주는 것이 좋아요. 그래야 바삭한 식감이 살아 있는 쿠키가 만들어집니다.

6 얇게 핀 반죽을 모양깍지로 찍어 자른 다음 오븐팬 위에 올리고 가운데 부분은 포크로 찍어준다. 180℃로 예열한 오븐에서 10분 정도 구워 완성한다.

내 손으로 만드는 팬더곰

곰돌이쿠키

이야기 요리

밀가루 요리중 아이들이 가장 좋아하는 요리는 역시 쿠키 만들기지요. 밀가루 반죽을 마음껏 놀면서 재미있는 모양도 찍고 맛있는 쿠키까지 먹을 수 있으니까요. 반죽을 조물락대며 아이들이 좋아하는 쿠키를 마음껏 꾸미는 것은 분명 행복한 놀이 시간이랍니다. 두 가지 색의 쿠키 반죽을 만들어서 곰돌이 모양의 얼굴을 찍고 팬더의 눈처럼 서로 다른 색의 반죽으로 눈, 코, 입 등을 만들었어요. 모양 깍지로 정확하게 구멍을 내고 그 부분에 다른 색으로 채워야 하는 과정이 있어서 아이들에게는 조금 어려울 수 있었는데 그럴수록 좀더 집중하는 모습을 보여주었어요. 서로 예쁜 얼굴을 만들고 싶어서 신경 쓰는 모습도 귀여웠지요. 쿠키가 다 구워지자 서로 자기가 만든 곰돌이쿠키를 찾느라 바빴어요. 맛은 또 얼마나 좋던지 친구들에게 나누어주고 싶다는 말은 빼놓지 않았지요.

(*20개 분량)
버터 150g
슈가파우더 150g
계란 1개
소금 1/4작은술

바닐라반죽
박력분 150g

코코아반죽
박력분 135g
코코아 분말 15g

1 볼에 실온에 두어 말랑말랑한 버터를 넣고 섞다가 슈가파우더를 넣고 크림화 될 때 까지 저어준다.

2 설탕이 잘 섞이면 달걀과 소금을 넣고 분리되지 않도록 계속 저어준다.

3 **2**의 반죽을 두 개로 나누어 한쪽에는 박력분을 다른 한쪽에는 박력분과 코코아가루 섞은 것을 넣은 뒤 가루가 보이지 않을 정도로만 섞어 비닐 봉투에 넣고 냉장고에서 1시간 정도 휴지시킨다.

+ 코코아 가루 이외에 단호박가루, 백련초가루, 녹차가루 등 다양한 천연색소를 이용하면 다양한 색의 쿠키를 만들 수 있어요.

아이들 스스로 좋아하는 곰돌이의 모양을 꾸며보도록 합니다.

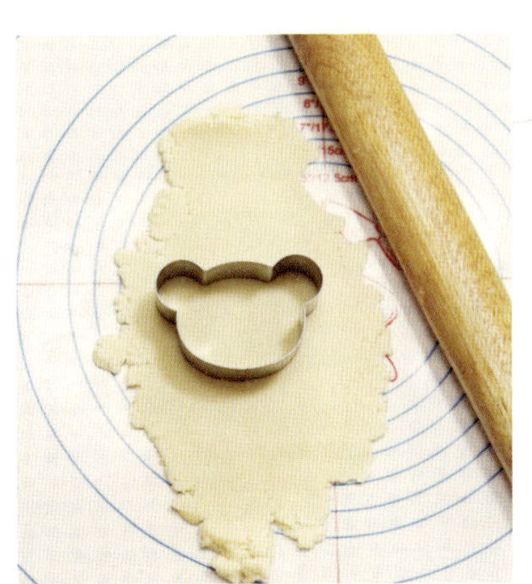

4 **3**의 반죽을 꺼내 밀대로 얇게 민 다음 곰돌이 모양 깍지로 찍는다.

+ 반죽을 냉장고에서 꺼낸 시원한 상태여야 반죽이 녹지 않아 모양내기가 좋아요. 반죽이 너무 말랑말랑해서 손에 달라붙을 때에는 냉장고에 잠시 넣어두었다가 사용하세요.

5 곰돌이 모양의 반죽에서 눈 부분은 두 개의 동그란 모양 깍지로 찍어 빼내고 다른 색의 반죽을 끼워 넣는다. 눈과 코도 만들어서 붙인다.

+ 모양깍지로 찍어 다른 색의 반죽도 구멍을 내서 끼워 넣는 등의 활동을 통해 좀더 창의적이고 집중력을 키울 수 있어요.

6 180℃로 예열한 오븐에서 15~20분 정도 굽는다.

쿠키 속에 초코렛이 콕!

피넛블러섬쿠키

이야기 요리

초콜릿을 좋아하는 우리집 아이들이 너무나 사랑하는 쿠키는 바로 피넛블러섬 쿠키랍니다. 쿠키만 먹어도 맛있는데 좋아하는 키세스 초콜릿이 쿠키에 콕 박혀 있어 모양도 예뻐 보는 것만으로도 기쁨을 주는 쿠키지요. 아이들이 직접 만들어 친구나 선생님께 선물을 할 수 있도록 해보세요. 반죽에 땅콩 버터가 들어가서 땅콩 특유의 고소한 맛이 나요. 반죽 만드는 걸 여러 번 해본 아이들은 자신감 있게 만들었어요. 건희는 초콜릿을 당장에 올리고 싶은데 그냥 오븐에 넣는 것을 보고 크게 실망을 했지만 지금 넣으면 초콜릿이 탈 수도 있기 때문에 나중에 따로 넣어야 한다고 알려주니 금새 수긍하면서 기다렸어요. 쿠키 겉면이 살짝 익었을 때 꺼내서 초콜릿을 꾹 눌러줄 시간. 건희는 오븐팬이 뜨거워서 무척 조심스러워 하며 쿠키에 초콜릿을 재미있게 올렸답니다. 이 때 동그랗게 뭉쳐있던 쿠키 반죽이 도넛 모양으로 변하는 것을 재미있어 했지요.

(*40개 분량)

박력분 240g
버터 110g
땅콩버터 100g
설탕 90g
베이킹소다 2g
베이킹파우더 4g
소금 1g
달걀 1개
우유 25g
키세스 초콜릿 40~50개 정도
여분의 설탕 2~3큰술

1 실온에 두어 말랑말랑해진 버터와 땅콩버터를 볼에 넣고 설탕을 2~3번에 나누어 넣어가며 거품기로 잘 저어준다.

2 버터와 설탕이 잘 섞이면 풀어 놓은 달걀과 우유를 2~3번에 나누어 넣어가면서 계속 저어준다.

3 **2**가 잘 섞이면 박력분, 베이킹소다, 베이킹파우더, 소금을 체에 내려 넣고 가루가 보이지 않을 정도로 섞어준다.

4 **3**의 반죽을 백원 동전 크기로 동그랗게 빚어 준다.

처음부터 초콜릿을 올려 구우면
초콜릿 겉면이 탈 수 있어요.
쿠키 반죽을 살짝 익힌 다음에 올려주세요.

5 **4**의 반죽을 설탕 위에 한번 굴려 겉면에 설탕을 묻힌 다음 오븐팬 위에 올리고 170℃로 예열한 오븐에서 5분 정도 구워 꺼낸다.

+ 겉면에 설탕 대신 다진 땅콩이나 깨를 묻혀도 좋아요. 맛도 더 고소해진답니다.

6 겉면이 살짝 익은 **5**의 쿠키 반죽 위에 키세스 초콜릿을 올리고 꾹 눌러 준 다음 다시 180℃로 오븐 온도를 맞추어 넣고 8~10분 정도 구워 완성한다.

+ 다 만들어진 쿠키는 충분히 식힌 다음에 먹어야 바삭한 식감과 맛을 느낄 수 있어요.

쿠키 위에 그림을 그려요

아이싱쿠키

이야기 요리

아이싱쿠키는 쿠키를 만들어 슈가파우더로 만든 여러 가지 색의 아이싱으로 그림이나 글씨 등으로 장식하는 쿠키를 말해요. 쿠키를 장식하는 과정은 아이들의 창의력과 상상력을 마음껏 누리게 해주는 좋은 활동이에요. 쿠키를 굽는 동안 쿠키를 꾸밀 아이싱을 만드는데 연희는 어떤 재료를 이용하는지 무척 궁금해 해서 달걀 흰자와 슈가파우더, 식용 색소를 이용하면 된다는 것을 알려주었어요. 색소를 넣어 색이 변하는 것을 보고 정말 신기하고 예쁘다면서 기대감에 부풀었지요. 쿠키가 구워지고 아이싱으로 쿠키를 장식할 때 연희는 어떤 모양의 그림과 글씨를 쓸지 생각하고 그리고 꾸미느라 한참 동안을 만들었답니다. 생일파티나 크리스마스 같은 특별한 날에는 아이들과 함께 꼭 아이싱쿠키를 만들어서 장식해 보세요.

(*15~20개 분량)

쿠키 반죽
박력분 180g
아몬드가루 30g
버터 120g
설탕 80g

아이싱
달걀흰자 1개
슈가파우더 190g
레몬즙 약간
여러 가지 식용색소
(흰자 : 슈가파우더 = 1:5)

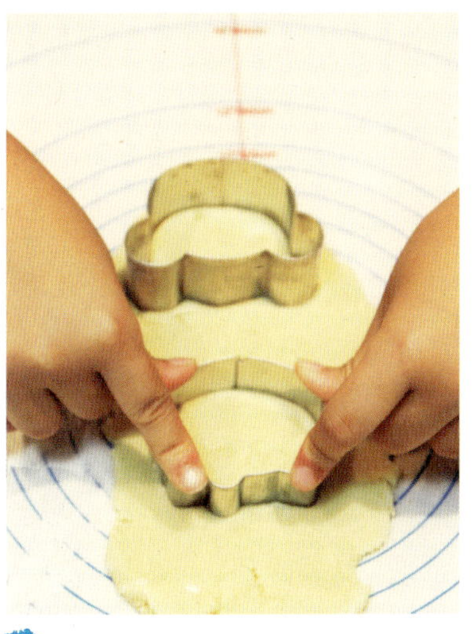

1 볼에 실온에 두어 말랑말랑한 버터와 설탕을 넣고 거품기로 저어 크림화 한다.

2 버터와 설탕이 잘 섞이면 박력분과 아몬드 가루를 체에 쳐서 넣고 가루가 보이지 않을 정도로 섞어 비닐봉지에 넣고 30분 정도 냉장고에서 휴지시킨다.

3 냉장고에서 꺼낸 쿠키 반죽을 밀대로 민 다음 모양깍지로 찍어 오븐팬 위에 올리고 180℃로 예열한 오븐에서 10~15분 정도 구워 식힌다.

+ 트리나 메달아서 장식할 쿠키라면 쿠키를 굽기 전 윗부분에 실을 통과시킬 수 있는 구멍을 만들어주세요. 구멍은 빨대 등으로 내주면 됩니다.

쿠키를 만들기 전에 아이들과 어떤 모양으로 어떤 쿠키를 만들 것인지에 대해 이야기 나누어 보고 직접 계획해서 만들 수 있도록 도와주세요.

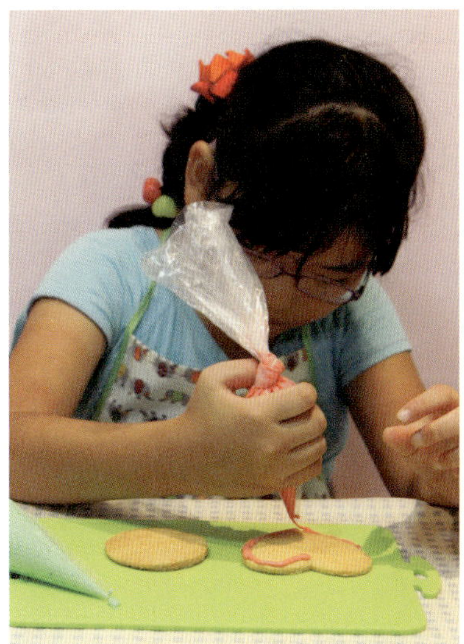

4 볼에 달걀 흰자를 넣고 거품기로 오랫동안 저어 뽀얀 거품이 나도록 만든 다음 슈가파우더를 넣고 섞는다.

5 4의 아이싱을 5개로 나누어 각각 색소와 레몬즙을 몇방울 넣고 섞은 다음 거품기를 들어올렸을 때 주르륵 흐를 정도의 묽기로 만들어 비닐주머니에 각각 담는다.

6 구운 쿠키 위에 각각의 색깔 아이싱을 짜서 그림이나 글자로 꾸민다.

+ 아이싱은 색칠할 부분에 미리 테두리를 그려주고 속을 채우면 훨씬 깔끔하게 채울 수 있어요.

할로윈 파티 필수품

유령쿠키

이야기 요리

할로윈데이는 10월 31일 귀신 분장을 하고 즐기는 서양의 축제입니다. 요즘 영어교육에 대한 관심이 많아지면서 우리 아이들에게도 특별한 축제가 되고 있지요. 우리집 아이들도 영어학원을 다니다 보니 매년 10월에 할로윈 파티를 하는데 이때는 친구들에게 선물할 과자를 직접 만든답니다. 물론 할로윈의 분위기에 맞는 유령 모양의 쿠키지요. 쿠키 반죽을 하기 전에 먼저 어떤 유령 모양으로 꾸밀지 할로윈데이에 많이 사용되는 유령 그림이나 만화를 보여주었어요. 쿠키를 굽고 나서 흰색의 유령으로 표현하기 위해 초콜릿을 녹여 쿠키 위에 옷을 입혔어요. 처음에는 엄마와 연희 모두 과연 유령 모양이 잘 표현될지 서로 자신이 없었는데 초콜릿을 코팅하고 눈을 붙여주었더니 제법 유령쿠키의 모습이 되었답니다. 연희와 엄마 모두 성취감을 느낀 뿌듯한 시간이었지요. 유령쿠키들을 모아 놓고 할로윈데이때 쓰던 모자까지 꺼내서 한껏 기분을 내보았어요.

(*15개 분량)
박력분 160g
계란 1개
코코아 분말 40g
설탕 50g
소금 1g
버터 45g
베이킹소다 1/2작은술
초코칩 30g
화이트 초코 50g

1 볼에 버터와 설탕을 넣고 크림화 될 때까지 거품기로 젓는다.

2 버터와 설탕이 잘 섞이면 미리 풀어 둔 달걀을 조금씩 넣어가며 젓는다.

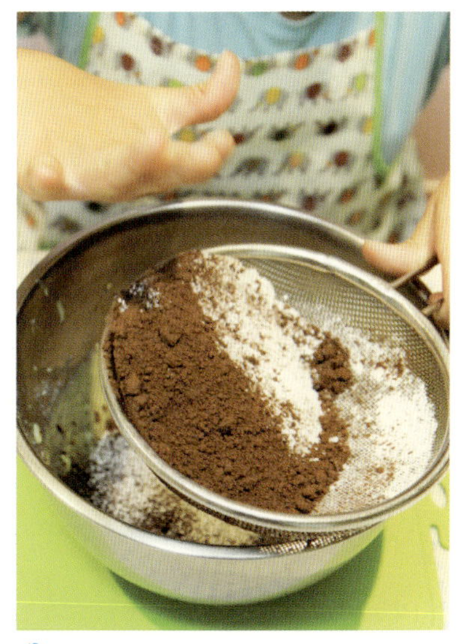

3 달걀이 잘 섞이면 박력분, 코코아 분말, 소금, 베이킹 소다를 체에 쳐서 넣고 가루가 보이지 않을 정도로만 섞은 다음 초코칩을 넣고 한덩어리로 만든다.

아이들과 함께 어떤 모양의 유령으로 꾸밀지에 대해 이야기해 보고 직접 꾸밀 수 있도록 도와주세요. 마녀 모자 모양이나 다양한 모양으로 만들어도 좋아요.

4 쿠키 반죽을 비닐봉지에 넣고 냉장고에서 30분 정도 휴지시켰다가 꺼내 원뿔형 모양으로 반죽을 빚는다.

5 쿠키 반죽을 오븐팬 위에 올리고 180도로 예열한 오븐에서 10~15분 정도 구운 뒤 꺼내서 완전히 식힌다.

+ 쿠키를 굽고 난 다음에는 충분히 식힌 다음에 초콜릿으로 코팅을 해주어야 초콜릿 코팅이 제대로 됩니다.

6 화이트 초코는 중탕으로 녹인 다음 숟가락으로 떠서 쿠키 위에 뿌려 코팅하고 초코칩을 꽂아 눈을 만든다.

+ 초콜릿을 코팅하는 것이 어려울 때에는 쿠키 아랫 부분에 막대를 꽂은 뒤 숟가락으로 초콜릿을 떠 올려 뿌려주면 쉬워요.

솜사탕처럼 사르르 녹는 초코과자

초코크림슈

이야기 요리

초코크림슈는 홈런볼이라는 과자를 집에서 만들어본 것이에요. 동그랗고 작은 반죽이 오븐에 들어가면 솜사탕처럼 부풀고 속은 비어 있는 재미있는 과자! 슈는 반죽을 불에 올려서 하기 때문에 조심해야 해요. 완성된 반죽을 짤주머니에 넣고 오븐팬 위에 짜 올릴 때 건희는 자꾸 반죽이 흐르고 떨어져서 조금 어려워 했지만 요리사가 된 것 같다면서 재미있게 했어요. 오븐에 구울 때는 절대 문을 열면 안돼요. 온도가 급격히 변하면 부풀어 오르다 꺼져버려서 망치게 되거든요. 슈가 다 구워지고 오븐에서 꺼내자 빵빵하게 부풀어 오른 슈를 본 건희는 정말 과자같다면서 신나했어요. 속에 채울 초코 크림을 만들 때는 덩어리 초콜릿이 반죽에 들어가자마자 사르르 녹는 것을 신기해 했지요. 크림 맛을 보더니 맛있다며 너무 많이 넣어서 빠져나오기도 했지만 완성된 초코크림슈는 사먹는 것보다 덜 달고 맛도 좋아서 아이들이 정말 좋아한답니다.

(*20~25개 분량)
박력분 60g
버터 40g
물 90g
소금 2g
설탕 3g
달걀 2개

초코크림
우유 300ml
달걀 노른자 4개
버터 15g
박력분 30g
설탕 80g
다크초코릿 30g

1 냄비에 버터와 물, 소금, 설탕을 넣고 끓인다. 물이 끓어 올라 버터가 녹으면 미리 체에 내린 박력분을 넣고 재빨리 저어준다. 밀가루가 섞이면 약한 불에서 계속 저어가며 2~3분 정도 볶는다.

2 밀가루를 볶아 불에서 내려 한김 식힌 다음 미리 풀어 놓은 달걀을 2~3번에 나누어 넣고 분리되지 않도록 계속 저어준다.

+ 밀가루를 넣고 볶을 때 반죽이 타면 슈가 만들어지지 않아요. 타지 않게 약한 불에서 계속 저어주어야 합니다.

3 2의 반죽을 짤 주머니에 담은 뒤 오븐 팬 위에 동전 크기로 짜 올리고 반죽 위에 분무기로 물을 뿌려 준 다음 180℃로 예열한 오븐에서 35분 동안 굽는다. 이때 중간에 오븐 문은 열지 않도록 한다.

+ 오븐에 넣고 굽는 동안 절대로 문을 열면 안되요. 온도가 급격히 변하면 반죽이 주저앉아 부풀지 않아요. 완전히 구워질 때 까지 문을 열지 마세요.

초코크림을 만드는 것이 번거로울 때에는 휘핑한 생크림을 넣어 주어도 좋아요.

4 새로운 볼에 달걀 노른자와 설탕을 넣고 섞은 다음 설탕이 녹으면 밀가루를 넣고 거품기로 잘 섞는다. 여기에 따뜻하게 데운 우유를 넣고 덩어리지지 않게 섞는다.

5 4를 냄비에 붓고 거품기로 저어가며 약한 불에서 걸쭉하게 될 때 까지 끓인다. 크림 상태로 걸쭉하게 되면 잘게 썬 초콜릿을 넣어 녹인 뒤 불에서 내려 버터를 넣고 거품기로 잘 섞은 다음 식힌다.

6 슈가 부풀어 다 익으면 꺼내 충분히 식힌 다음 밑면을 젓가락으로 찔러 구멍을 내고 짤주머니에 넣은 초코크림을 구멍속에 찔러 짜 넣어준다.

+ 슈는 여름에 냉동실에 넣어 얼려두었다가 꺼내 아이스크림처럼 먹어도 맛있어요.

구름빵을 먹고 하늘을 날아보자!

동글동글구름빵

이야기 요리

아이들이 좋아하는 구름빵 동화책에 나오는 구름빵을 만들어 먹고 하늘 위로 둥둥 떠다니는 상상을 하게 만드는 구름빵입니다. 폭신폭신하고 부드러운 빵을 만들면서 밀가루 놀이도 즐기면서요. 반죽을 만들 때는 반죽이 손에 달라붙어 찐득찐득하지만 오랫동안 치대다 보면 어느 순간 손에 달라붙지 않고 보들보들 부드러운 반죽이 됩니다. 아이들은 한껏 반죽을 주므르고 치대면서 마음껏 밀가루 놀이를 즐겼어요. 빵이 발효되자 작았던 반죽이 금새 부풀어 오르는 것을 보고 신기해합니다. 이것은 빵속의 효모가 숨을 쉬면서 가스가 생겨서 빵이 부풀어 오르는 것이라는 이야기를 해주었지요. 아이들이 좋아하는 롤치즈를 넣어 그냥 빵보다 더 맛있게 만들었어요. 빵이 완성되자 정말 구름빵이 만들어졌다면서 좋아한 건희는 구름빵을 먹었는데도 날아오르지 않는 것에 실망했지만 지금까지 먹어본 빵 중에서 제일 맛있는 빵이었다고 했답니다.

(*8~10개 분량)
강력분 210g
인스턴트 드라이이스트 6g
설탕 30g
우유 160㎖
버터 20g
롤치즈 50g
달걀 노른자 1개 분량
소금 약간

1 볼에 강력분을 넣고 설탕과 소금, 이스트를 서로 닿지 않게 넣는다.

2 1에 따뜻한 우유와 물을 넣어 한 덩어리가 되도록 반죽한다.

+ 반죽은 오랫동안 치대야 글루텐이 생성 되어 쫄깃한 빵이 만들어집니다. 아이들과 함께 손으로 주물러도 보고 볼에 던지기도 하면서 놀아보세요.

3 반죽이 한덩이가 되면 실온에 녹인 버터를 넣고 한 번 더 섞어 반죽한다.

밀가루 반죽을 동그란 모양 뿐만 아니라 아이들 각자가 생각하는 구름 모양으로 표현해 보세요.

4 3의 반죽을 볼에 넣고 랩으로 덮은 뒤 실온에서 1시간 정도 발효시킨다.

+ 밀가루가 물과 섞여 덩어리가 되고 발효 과정에서 부풀고 또 오븐에서 열에 의해 익게 되는 과정에 대해 이야기 나누어 보세요.

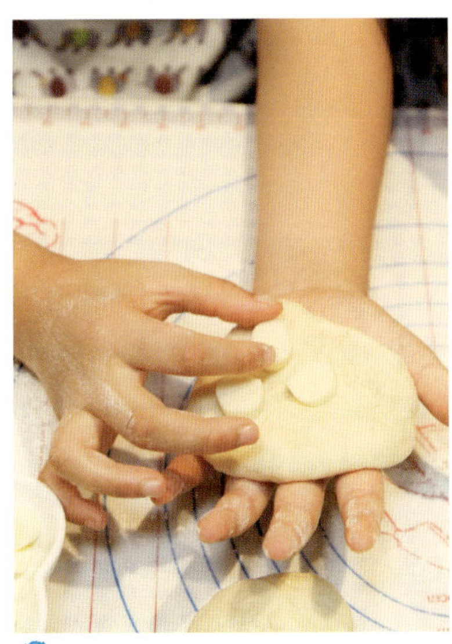

5 1시간 후 반죽을 떼어 반죽을 6개로 나누어 롤치즈를 넣고 동그란 모양으로 빚은 뒤, 랩을 씌워 20분간 2차 발효한다.

6 크기가 1.5~2배 커지면 표면에 달걀노른자 물을 바른 다음 180℃로 예열한 오븐에 넣고 15분 정도 굽는다.

내가 좋아하는 동물들은 다 모여라!

동물얼굴단팥빵

이야기 요리

동물 모양의 빵을 만들면서 아이들과 이런 저런 수다를 떨어보세요. 조금은 서툴고 못생겼어도 그 시간은 참 행복하답니다. 밀가루에 여러 가지 재료를 넣고 조물조물 주무르고 던지며 놀다 보니 부드럽고 말랑말랑한 빵 반죽이 만들어졌지요. 건희는 꼭 아이 엉덩이 같다면서 계속 만지고 주물렀어요. 만든 반죽을 발효시키면 빵 반죽이 부풀어 올라서 커지는데 커진 반죽을 손가락으로 쿡 찍어보게 했더니 손가락 자국이 그대로 남는 것을 보고 재미있어 했답니다. 빵 반죽 속에 동그란 팥앙금을 넣고 아이들이 좋아하는 동물 얼굴을 꾸며 보았어요. 건희는 곰돌이, 돼지, 토끼를 만들고 싶다며 밀가루 반죽을 작게 만들어 제법 그럴듯한 동물 얼굴을 꾸몄답니다. 엄마가 도와주려하자 혼자서 할 수 있다며 엄마는 엄마 것을 만들라고 했지요. 모두 만들고 오븐 앞에 서서 맛있는 빵이 만들어져라 노래까지 불렀답니다.

(*5~6개 분량)
강력분 260g
드라이 이스트 5g
설탕 25g
소금 5g
물 100g
버터 25g
우유 60g
단팥앙금 240g
초코펜

1 볼에 강력분, 드라이 이스트, 설탕, 소금을 넣고 섞은 다음 물과 우유를 넣고 치대 반죽을 만든다.

2 반죽이 한덩이가 되면 말랑말랑한 버터를 넣고 10~15분 동안 치대 글루텐이 생기게 한다. 반죽이 되면 랩을 씌우고 따뜻한 곳에서 50분 정도 발효를 한다.

3 단팥앙금은 40g 씩 동그란 모양으로 만들어 놓는다.

만드는 시간이 걸리기는 하지만
아이들은 빵을 만드는 과정을 경험하게 하면서
인내심을 기를 수 있어요.

4 2의 반죽이 2배로 부풀면 꺼내 반죽을 하면서 가스를 빼고 탁구공만하게 반죽을 떼어 동글납작하게 만든 뒤 3의 팥앙금을 올리고 반죽을 오므려 동그란 모양을 만든다.

5 빵반죽을 작은 덩어리로 떼어 5의 반죽에 동물얼굴 모양으로 귀 등을 붙이고 다시 랩을 씌워 따뜻한 곳에서 40분 정도 2차 발효한다.

+ 빵 반죽을 이용해 좋아하는 동물의 얼굴을 꾸미고 표현하는 능력을 키워 주세요.

6 발효가 끝나면 180℃로 예열한 오븐에서 15~20분 정도 구워낸다. 빵이 노릇하게 구워지면 꺼내 한김 식힌 뒤 초코펜으로 눈, 코, 입 등을 꾸며준다.

+ 동물 모양 뿐만이 아니라 아이들이 좋아하는 캐릭터나 자기 얼굴, 가족의 얼굴 등을 꾸며보는 것도 좋아요.

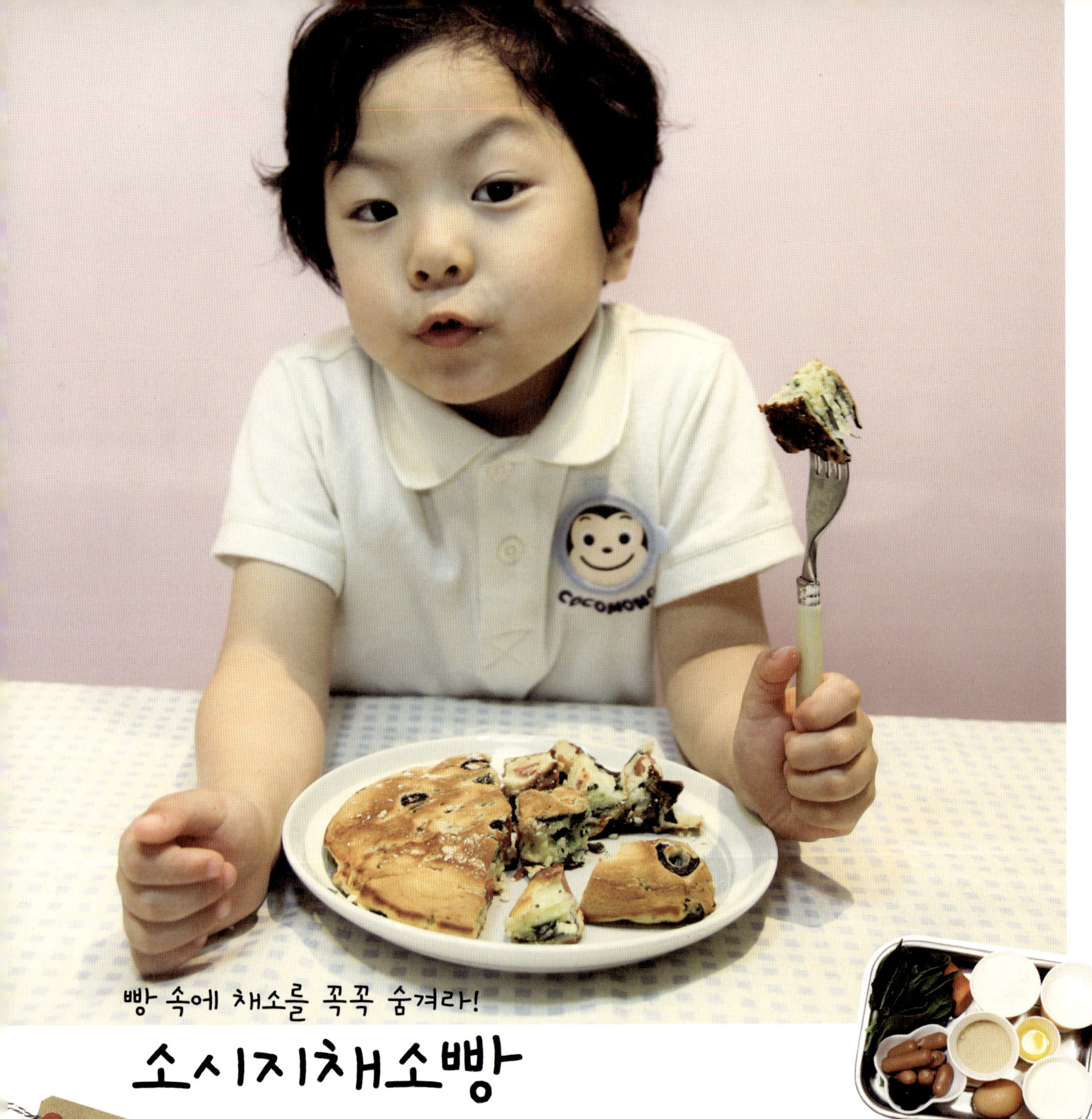

빵 속에 채소를 꼭꼭 숨겨라!

소시지채소빵

이야기 요리

채소는 싫어하고 빵은 좋아하는 아이들에게 마음껏 채소를 먹이는, 영양이 듬뿍 들어간 빵입니다. 채소가 많이 들어갔지만 채소의 맛은 잘 안 느껴지고 달콤한 빵 맛이 좋아서 아이들이 잘 먹는답니다. 빵이지만 만들기도 쉽고 간단해요. 당근은 좋아하지만 시금치는 싫어하는 건희는 재료를 보자마자 시금치는 빼자고 했지만 맛있는 빵을 만들거라고 유도하니 시금치도 송송 잘 썰고 소시지는 맛도 보면서 썰었지요. 당근은 딱딱해서 잘 썰리지 않아 엄마가 도와주었어요. 밀가루 반죽은 이제 여러 번 해봐서 잘 섞고 시금치와 당근도 넣어 열심히 반죽했어요. 반죽을 프라이팬에 올리니 건희는 왜 빵을 오븐에 굽지 않냐고 궁금해해서 프라이팬으로도 빵을 만들 수 있다고 알려 주니 열심히 지켜보더군요. 프라이팬에서 빵 냄새가 솔솔 나면서 정말 맛있는 빵이 만들어지니 시금치를 싫어했던 것은 다 잊고 따끈따끈한 갓 구운 빵을 맛있게 먹었답니다.

(*20cm 프라이팬 한개 분량)

- 밀가루 150g
- 설탕 50g
- 베이킹 파우더 3g
- 소금 1g
- 우유 140g
- 달걀 1개
- 시금치 50g
- 당근 30g
- 블랙올리브 5개
- 소시지 100g
- 올리브유 15g

시금치나 당근 대신
좋아하지 않는 다른 채소를
넣어 만들어도 좋아요.

1 시금치는 다듬어서 잘게 썰고 당근은 채썬다. 소시지와 올리브도 동그란 모양을 살려서 썬다.

+ 시금치와 당근을 먹으면 우리 몸에 어떻게 좋은 지에 대해 이야기해보세요.

2 볼에 우유와 달걀, 설탕을 넣고 거품기로 저어 설탕을 녹인다.

3 **2**에 밀가루, 베이킹파우더, 소금을 체에 내려 넣고 덩어리지지 않게 섞어 올리브유를 넣고 다시 한번 섞는다. 손질한 시금치, 당근, 소시지를 넣고 골고루 섞는다.

4 달군 프라이팬에 기름을 두르고 키친타올로 닦아 낸다음 빵 반죽을 올리고 뚜껑을 덮어 약한 불에서 10분 정도 굽는다. 빵 표면에 기포가 올라오고 반쯤 익으면 뒤집어서 5~10분 정도 속까지 완전히 익도록 구워 낸다.

+ 프라이팬에서도 빵을 구울 때는 꼭 뚜껑을 덮고 약한 불에서 익혀야 열이 달아나지 않고 속까지 완전히 익는 빵이 만들어집니다.

반죽을 계량하는 것이
번거로울 때에는
시판 핫케이크 가루를
이용해도 좋아요.

계란 하나가 통째로 들어가 든든한 계란빵

계란빵

이야기 요리

계란빵은 추운 겨울 생각나는 길거리 음식중 하나지요. 계란빵은 달걀 하나를 통째로 넣어 만들기 때문에 아이들 영양 많은 간식이나 바쁜 아침 식사대용으로도 좋답니다. 만들기도 쉽고 간편해서 주말 아침에 만들면 좋아요. 채소도 다져 넣고 베이컨에 치즈까지 준비했더니 아이들이 정말 맛있을 것 같다면서 기대를 하더군요. 핫케익 가루 반죽에 채소를 넣었더니 이제 아이들은 빵 속에 들어간 채소는 맛있다고 까지 합니다. 머핀 틀에 빵반죽을 살짝만 넣고 달걀을 깨서 넣을 때는 달걀을 터트리지 않고 예쁘게 넣고 싶다며 정말 조심하며 껍질을 깨서 넣었답니다. 이 과정이 제일 힘들다면서 말이지요. 달걀 위에 좋아하는 재료인 치즈와 베이컨을 올리고 오븐 앞에 서서 다 구워지기를 기다렸지요. 달걀 하나가 통째로 들어간 계란빵을 먹으며 아침에 밥대신 먹고 싶다는군요. 너무 배불러서 다음에는 메추리알을 넣은 작은 계란빵도 만들어보기로 했답니다.

(*4개 분량)

핫케익 믹스 150g
달걀 4개
우유 120g
베이컨 2줄
피자치즈 1/3컵
당근 30g
브로콜리 30g
파슬리가루
소금·후춧가루 약간씩

1 당근과 브로콜리는 잘게 다진다. 베이컨은 잘게 다지듯이 썬 다음 달군 팬에 볶아 키친타올에 올려 기름기를 닦아낸다.

2 볼에 우유와 핫케이크 믹스를 넣고 덩어리지지 않게 잘 섞은 뒤 당근과 브로콜리도 넣어 섞는다.

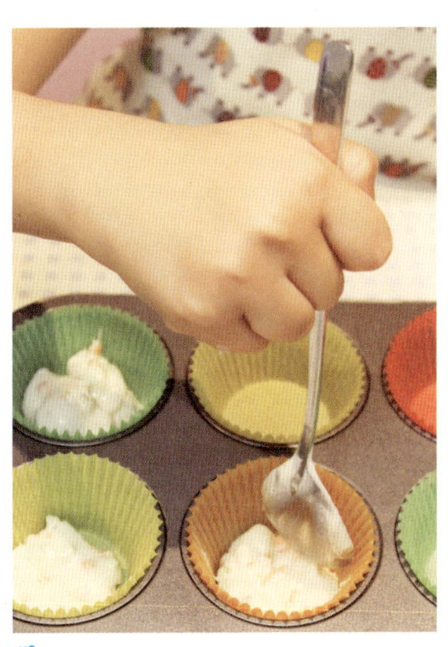

3 머핀틀에 종이 머핀컵을 깔고 그 위에 2의 반죽을 1/3정도 차게 붓는다.

+ 종이 머핀컵이 없을 때에는 머핀틀에 버터를 꼼꼼히 발라 그 위에 반죽을 부어도 되지요.

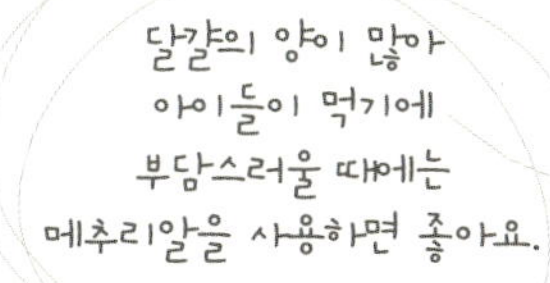

달걀의 양이 많아 아이들이 먹기에 부담스러울 때에는 메추리알을 사용하면 좋아요.

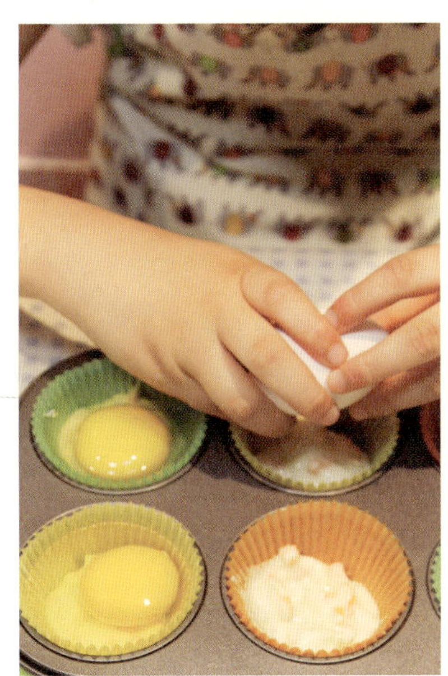

4 반죽 위에 달걀을 하나씩 깨서 넣은 다음 소금, 후춧가루를 살짝 뿌린다.

5 4의 달걀 위에 반죽을 한수저씩 떠 올린 다음 피자치즈 → 구운 베이컨 → 파슬리 가루 순으로 올린 다음 170℃로 예열한 오븐에서 20~25분 정도 구워낸다.

+ 오븐에서 조리하는 것이 안전하지만 부득이하게 전자레인지에서 조리할 때는 달걀 노른자를 꼭 터트려주세요.

카레가 빵 속에 숨어 어떤 맛일까?

식빵카레빵

이야기 요리

카레빵은 식빵을 이용해서 카레와 채소, 햄을 듬뿍 넣어 맛도 좋고 영양도 가득한 착한 빵입니다. 아이들은 빵에도 카레를 넣을 수 있다는 사실에 놀라워 하더군요. 카레는 여러 가지 향신료를 섞어서 만든 소스로 인도에서는 주식으로 먹는 식재료 라는 이야기를 해 주었어요. 볶은 채소에 으깬 감자를 넣고 카레가루를 넣을 때 카레가루를 살짝 맛 보더니 색은 노란색이라 예쁜데 매운 맛이 난다며 빵에서도 매운 맛이 날 것 같다고 걱정했지요. 아이들은 샌드위치처럼 발라서 먹는 것으로 생각했지만 식빵 위에 소를 올려 두 장의 식빵을 겹쳐 밥그릇으로 눌러 동그란 빵이 만들어지자 건희는 우주선 같다며 재미있어 했어요. 겉면에 달걀물을 바르고 빵가루를 묻혀서 오븐에 구우니 정말 노릇하고 바삭한 맛있는 카레빵이 만들어졌답니다.

(*4개 분량)
식빵 8장
달걀 1개
빵가루 1컵
식용유 1큰술

카레소
감자 1개
당근 1/3개
양파 1/4개
햄 50g
카레가루 1.5큰술
마요네즈 2큰술
소금 약간

1 당근, 양파, 햄은 옥수수알 크기도 다지듯 잘게 썬다. 감자는 완전히 익도록 삶아 껍질을 벗긴다.

2 달군 팬에 기름을 두르고 양파, 당근, 햄을 넣고 소금을 약간 넣어 간해 볶는다.

3 볼에 삶은 감자를 넣고 포크로 눌러 곱게 으깬 뒤 볶은 채소와 카레가루, 마요네즈, 약간의 소금을 넣고 잘 섞어 카레소를 만든다.

4 식빵 위에 **3**의 카레소를 가운데 부분에 동그랗게 올리고 그 위에 다시 식빵 한 장을 덮은 다음 밥그릇이나 국그릇으로 가운데 부분을 눌러 동그란 빵 모양을 만들고 테두리 부분은 떼어 낸다.

+ 식빵 두장을 겹쳐서 컵이나 그릇으로 찍어내면 두장이 붙어서 속의 재료가 흘러나오지 않아요.

5 **4**의 빵 겉면에 붓으로 달걀물을 바르고 빵가루를 골고루 묻힌다. 180℃로 예열한 오븐에서 10분 정도 겉면이 노릇할 정도로 구워 완성한다.

+ 식빵이 너무 뻣뻣하면 빵이 서로 잘 붙지 않으니 전자레인지에 10초 정도 돌려 부드럽게 한 다음 사용하세요.

오븐이 없을 때에는 튀김 기름에 살짝 튀겨내도 좋아요.

못생겨도 맛은 좋아!

못난이빵

이야기 요리

샌드위치를 만든 후나 식빵 요리를 한 후에는 자투리 빵 조각이 많이 남아요. 또는 먹다 남아 처치 곤란한 굳은 식빵이 생길 때도 있지요. 못난이빵은 식빵 조각에 여러 가지 재료를 섞고 동그랗게 꾹꾹 눌러 오븐에 구워 먹는 빵인데 못생겼지만 맛은 아주 좋답니다. 자투리 빵이나 굳은 빵은 버리기 아까우므로 이렇게 활용하면 맛있는 새로운 빵요리가 탄생하지요. 못난이빵을 만들면서 음식물 쓰레기와 아프리카 등 어려운 나라에서는 먹을 것이 없어서 배고픔에 굶주리고 있는 아이들이 많으므로 음식을 낭비해서는 안되는 것에 대해서 이야기 나누었어요. 자투리 식빵을 작은 크기로 자르고 여러 가지 부재료를 섞어 꾹꾹 눌러 동그란 공 모양으로 만들 때는 찰흙놀이를 하는 것처럼 열심히 만들며 재미있었답니다. 자투리 빵이었던 식빵 조각을 동그란 빵으로 만들어 오븐에서 구웠더니 울퉁불퉁 못생겼지만 바삭하고 달콤한 빵이 만들어졌지요.

(*10개 분량)
식빵 6장 분량
(또는 식빵 자투리 조각)
버터 3큰술
설탕 50g
소금 2g
달걀 1개
건포도 50g
시나몬파우더 1작은술
아몬드슬라이스 30g

1 굳은 식빵이나 식빵 자투리는 깍둑썰기 한다.

2 볼에 말랑말랑한 버터와 설탕을 넣고 거품기로 저어 뽀얀 크림 상태가 되도록 젓는다.

3 버터가 부드럽게 되면 달걀 1개를 넣고 분리되지 않도록 계속 저어주다가 소금, 건포도, 시나몬 파우더를 넣고 섞는다.

음식의 소중함을 알고 음식을 남기지 않고 환경을 보호하는 이야기를 나누어 보세요.

4 모든 재료가 잘 섞이면 잘게 썬 식빵과 아몬드 슬라이스를 넣고 버터가 골고루 발라지도록 섞는다.

5 반죽을 한 주먹 쥐어 부서지지 않도록 공모양으로 뭉친다.

+ 아이들 손의 힘이 약해서 꼭꼭 뭉치기 힘들 때는 머핀 틀에 넣고 꾹꾹 눌러 구워도 좋아요.

6 180℃로 예열한 오븐에 5의 빵을 넣고 20~25분 정도 노릇하게 구워낸다.

뽀송뽀송 솜사탕 같은 백설기 케이크

백설기컵케이크

이야기 요리

백설기는 아이들이 좋아하는 떡이에요. 방과 후 집에 와서 간단하게 먹이기 좋은 간식이라서 자주 준비해 두고 집에서는 컵케이크 스타일로 만들어준답니다. 빵 전용으로 쌀가루와 유기농 밀가루로 반죽을 해서 찜통에 찌면 백설기보다 더 뽀송뽀송하고 부드러운 컵케이크가 만들어집니다. 아이들에게 밀가루는 밀이라는 곡식의 가루이고, 쌀은 우리가 밥으로 먹는 쌀의 가루라는 것에 대해 이야기해 주었지요. 보통 쌀은 밥이나 떡의 주재료로 쓰이는데 요즘에는 건강을 생각해서 쌀로 빵도 만든다고 알려 주니 앞으로는 쌀로 만든 빵을 먹어야겠다는군요. 쌀가루와 밀가루를 섞은 뒤 아이들이 좋아하는 건포도를 넣고 머핀 컵에 담아 찜통에 쪘더니 부풀어 올라 예쁘게 갈라진 케이크가 되었다고 신기해 했답니다. 모양은 컵케이크 인데 백설기 맛이 난다며 맛있게 먹었지요.

(*6개 분량)

박력분 80g
제빵용 쌀가루 50g
설탕 45g
베이킹 파우더 3g
달걀흰자 1개분
우유 75g
소금 약간
포도씨유 15g
건포도 30g

1 볼에 우유와 달걀흰자를 넣고 설탕을 넣어 섞는다.

2 설탕이 잘 섞이면 박력분, 쌀가루, 베이킹파우더를 체에 내려 섞고, 소금을 넣어 섞는다.

+ 제빵용 쌀가루를 구하기 힘들 때는 불린 쌀의 물기를 빼고 믹서에 곱게 갈아 사용해도 좋아요. 이때는 우유의 양을 줄여주세요.

3 가루가 보이지 않을 정도로 섞어지면 포도씨유와 건포도를 넣고 다시 한번 섞는다.

+ 건포도는 그냥 넣는 것 보다 뜨거운 물에 잠시 담갔다가 물기를 꼭 짜서 넣으면 훨씬 더 부드럽고 맛있게 먹을 수 있어요.

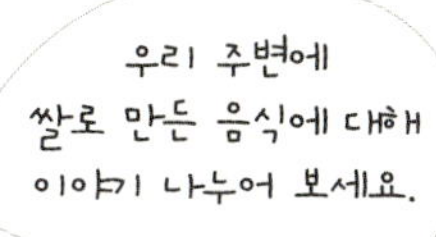

우리 주변에
쌀로 만든 음식에 대해
이야기 나누어 보세요.

4 머핀컵에 3의 반죽을 80%정도 차게 담는다.

5 김오른 찜통에 머핀컵을 넣고 20분 정도 쪄 완성한다.

+ 케이크가 다 익었는지 궁금할 때는 젓가락으로 찔러 보아 반죽이 묻어 나오지 않으면 다 익은 것이랍니다.

초롱초롱 눈이 좋아지는 당근케이크!

당근컵케이크

이야기 요리

당근은 아이들은 별로 좋아하지 않아 당근만 골라서 놓을 때가 많지요. 당근 컵케이트는 당근을 곱게 다져 듬뿍 넣었는데도 당근이 있는지도 모르게 아이들이 너무 잘 먹는답니다. 당근을 잘 안먹는 연희는 당근으로 케이크를 만든다고 하니 분명히 맛이 없을거라면서 실망했지만 채소다지기 기구를 꺼내 사용하게 해주었더니 금새 신이 나서 당근을 잘게 다졌지요. 잘게 다진 당근을 반죽 속에 넣어 케이크 반죽을 만든 다음 짤주머니에 넣고 머핀컵에 조심조심 짜 넣었어요. 케이크를 굽는 동안 케이크에 맛을 더하고 장식을 할 크림치즈 프로스팅을 만들어 완성된 컵케이크 위에 예쁜 모양으로 장식했답니다. 당근 케이크를 맛보며 당근 맛이 하나도 나지 않고 너무 예쁘고 맛있다며 기뻐했어요. 평소에 좋아하던 학원 선생님께서 선물로 가져갔답니다.

(*6개 분량)
달걀 3개
박력분 150g
당근 200g
아몬드 슬라이스 30g
흑설탕 120g
포도씨유 5큰술
베이킹파우더 1작은술

크림치즈 프로스팅
크림치즈 200g
슈가파우더 70g
레몬즙 1.5작은술

1 당근은 최대한 잘게 다져 준비하고 아몬드 슬라이스도 다진다.

2 볼에 달걀과 흑설탕, 포도씨유를 넣고 거품기로 저어 설탕을 녹인다.

3 설탕이 녹을 정도로 잘 섞이면 미리 체에 내린 박력분, 베이킹파우더를 넣고 가루가 보이지 않을 정도로 섞여지면 잘게 다진 당근과 아몬드를 넣고 한번 더 섞는다.

당근의 대표적인 영양소인 비타민 A와 눈에 좋은 식품에 대해 알아보아요.

4 **3**의 반죽을 머핀 컵에 80%정도 차게 담은 뒤 190℃로 예열한 오븐에서 20~25분 정도 구운 뒤 꺼내 식힌다.

+ 머핀 컵에 가득 반죽을 담으면 나중에 부풀면서 넘치게 됩니다. 80%정도만 담아주세요.

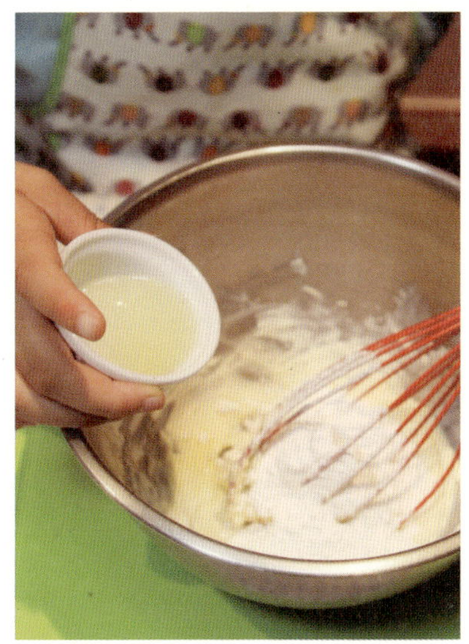

5 볼에 크림치즈와 슈가파우더를 넣고 거품기로 부드럽게 저어주다가 레몬즙을 넣고 더 섞어 크림치즈 프로스팅을 만든다.

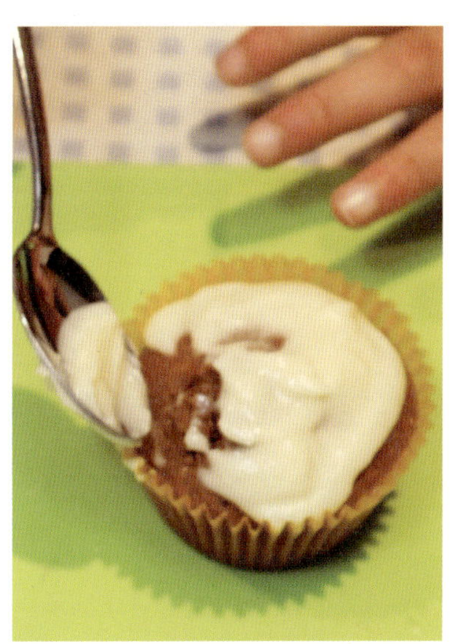

6 식힌 컵케이크 윗부분에 숟가락으로 프로스팅을 발라 완성한다.

컵케이크 위에 크림치즈 프로스팅을 바르면서 인내심을 기르고 꼼꼼하게 과정을 수행하고 완료하는 방법을 배웁니다.

동글동글 도넛속에 무엇이 숨었을까?

채소찹쌀도넛

이야기 요리

도넛은 동글동글 모양도 귀엽고 맛도 좋아 아이들 간식으로 참 좋지요. 채소 찹쌀 도넛은 찹쌀 반죽에 고구마와 당근을 넣어 영양가는 더욱 높이고 채소도 듬뿍 먹일 수 있는 특별한 도넛이랍니다. 도넛은 보통 밀가루로 만들지만 채소 찹쌀 도넛은 쫄깃쫄깃한 맛을 내도록 찹쌀 가루에 고구마, 당근을 넣어 맛과 영양 모두를 높였답니다. 당근은 강판에 곱게 갈고 고구마는 쪄서 으깨 찹쌀가루와 섞어 만든 반죽을 아이들은 찰흙놀이처럼 동글동글하게 빚기도 하고 링 모양으로 만들기도 하면서 재미있는 반죽놀이에 빠졌었지요. 기름에 튀길 때는 아이들 스스로 위험하다며 멀찌감치 떨어져 구경했어요. 금방 튀겨 한김 식혀 먹은 따뜻한 도넛 한입은 아이들에게 달콤함을 선물했답니다.

(*15개 분량)
찹쌀가루 220g
물 140g
고구마 1개
당근 100g
베이킹파우더 5g
설탕 50g
검은깨 1큰술
소금 약간
식용유 적당량

설탕묻힘가루
설탕 3큰술
계피가루 1작은술

1 당근은 강판에 곱게 갈아 준비하고 고구마는 삶아서 껍질을 벗기고 으깨 놓는다.

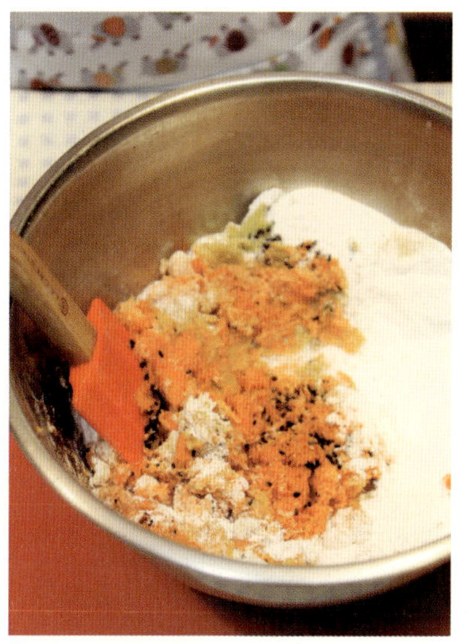

2 볼에 찹쌀가루, 베이킹파우더는 체에 내려 넣고 설탕, 소금, 곱게 간 당근과 으깬 고구마, 검은깨를 넣고 섞는다. 이때 반죽의 질기를 살피며 손에 묻어나오지 않을 정도로 물을 넣어가며 반죽한다.

3 반죽을 조금씩 떼어내서 한입 크기의 동그란 모양을 만든다. 또는 길쭉하게 밀어서 양쪽 끝을 붙여 링 모양으로도 만들어 본다.

+ 도넛의 반죽을 주무르고 촉감을 느끼도록 충분한 놀이 시간을 주시고, 다양한 도넛 모양을 만들면서 창의력을 키워주세요.

기름에 튀길 때 기름이 튈 수 있고 매우 뜨겁다는 것을 알려 화상 위험에 대한 안전교육을 합니다.

4 냄비에 기름을 붓고 180℃ 정도로 가열 한 뒤 도넛 반죽을 넣어 튀긴다. 반죽이 떠오르고 노릇한 색이 돌 때 까지 튀겨 건져 낸 뒤 체에 받쳐 기름기를 뺀다.

5 넓은 그릇에 설탕과 계피 가루를 넣고 섞은 뒤 튀긴 도넛을 넣고 굴려 접시에 담는다.

막대에 꽂아먹는 도넛

곰돌이도넛

이야기 요리

시중에서 파는 기름에 튀긴 도넛은 어떤 기름에 튀겼는지도 잘 모르겠고, 칼로리가 높아 걱정이 된다면 도넛 모양의 팬을 준비해서 집에서 오븐에 구워 먹으면 안심이겠지요. 오븐에 구운 도넛은 한입에 쏙 들어갈 정도로 귀여운 도넛 모양 틀에 반죽을 짜 넣고 오븐에 굽기만 하면 되어 만들기도 쉽고 담백하고 건강한 맛이랍니다. 아이들과 좀 더 재미있는 도넛을 만들기 위해 구운 동그란 도넛에 막대를 끼워 과자로 모양을 내고 초콜릿을 중탕으로 녹인 뒤 숟가락으로 도넛 위에 끼 얹어 초콜릿으로 코팅이 되니 아이들이 환호성을 지르며 신기해 했어요. 초코펜을 이용해서 눈, 코, 입 등을 꾸며 귀여운 곰돌이 도넛을 완성했어요. 완성된 도넛이 너무 귀엽고 예뻐서 한참을 먹지 못하고 바라만 보고 있더군요. 물론 다음날 도넛을 예쁘게 포장해서 친구들에게 나누어 주기도 했답니다.

(*10~12개 분량)
도넛 믹스 150g
달걀 1개
우유 50g
포도씨유 2큰술
코팅용 초콜릿 흰색·분홍·다크 각각 100g 씩
막대과자 20개 정도
초코펜

도구
도넛 모양 틀

1 볼에 달걀과 우유를 붓고 거품기로 저어 달걀을 풀어준다.

2 1에 핫케이크 믹스를 넣고 잘 섞은 다음 포도씨유를 넣어 한번 더 섞어 걸쭉한 상태가 되도록 반죽한다. 이 반죽을 짤주머니에 넣어 둔다.

3 도넛 모양의 틀에 붓으로 기름칠을 꼼꼼히 한 뒤 2의 짤주머니에 담긴 반죽을 짜 넣고 180℃로 예열한 오븐에서 15~20분 정도 구워 낸다.

+ 오븐용 도넛 틀이 없을 때에는 찹쌀 도넛처럼 튀겨도 좋아요.

4 구운 도넛을 한김 식힌 뒤 아이스크림 막대를 한쪽에 끼우고 반대쪽에는 작은 막대과자 두 개를 꽂아 귀모양을 만든다.

+ 아이스크림 막대와 막대과자는 방산시장이나 인터넷 제과제빵 재료 파는 곳에서 쉽게 구입할 수 있어요.

5 볼에 코팅용 초콜릿을 넣고 중탕으로 녹인 뒤 막대 도넛 위에 숟가락으로 초콜릿을 끼 얹어 옷을 입힌다

+ 초콜릿은 불에 직접 녹이면 잘 녹지 않고 타버리거나 분리되기 때문에 꼭 뜨거운 물에 중탕으로 녹여주세요.

6 코팅용 초콜릿이 완전히 굳으면 초코펜으로 눈, 코, 입 등을 그려 꾸민다.

아이들 스스로 초콜릿 색을 정하고 눈, 코, 입 등을 그리고 꾸미는 과정을 충분히 할 수 있도록 도와주세요.

도라에몽이 제일 좋아하는 간식

도라야끼

이야기 요리

우리 집 아이들이 좋아하는 애니메이션 중에 '도라에몽'이라고 있어요. 여기에 나오는 고양이 로봇 도라에몽은 도라야끼 라는 빵을 좋아하지요. 그래서 아이들도 도라야끼가 어떤 빵 맛인지 궁금해했지요. 도라야끼는 폭신한 빵 속에 달콤한 단팥앙금이 들어 있는 빵이랍니다. 아이들은 여러 가지 재료를 섞어서 반죽을 만들고 팬에 올려 굽는 것은 핫케이크랑 비슷하다면서 자신있게 만들었어요. 하지만 반죽을 올리고 약한 불에서 오랫동안 기다리며 굽는 시간에는 좀 힘들어했어요. 맛있는 빵을 먹기 위해서 인내심을 가지고 열심히 기다리는 시간이 필요하다는 이야기를 해주었어요. 여러 개의 빵을 만들고 나서 두 개의 빵 사이에 팥앙금을 골고루 발라 완성된 도라야끼. 폭신한 빵 속에 달콤한 팥앙금이 들어 있어서 정말 맛있다며 왜 도라에몽이 이 빵을 그렇게 좋아했는지 알 것 같다고 했답니다. 너무너무 달콤하고 폭신해서 열 개도 먹을 수 있을 것 같다면서요.

(*8~10개 분량)

박력분 120g
계란 2개
설탕 50g
베이킹 소다 3g
꿀 1큰술
포도씨유 2큰술
우유 3큰술
맛술 1큰술
팥앙금 100g정도
식용유 1큰술

1 볼에 달걀과 설탕을 넣고 거품기로 잘 섞은 다음 꿀과 맛술, 포도씨유를 넣고 잘 섞는다.

2 1의 반죽에 미리 체에 내린 박력분과 베이킹 소다를 넣고 섞어 밀가루가 보이지 않으면 마지막으로 우유를 부어 걸쭉한 농도를 맞춘다.

+ 반죽의 농도가 뚝뚝 떨어질 정도여야 모양이 잘 잡힙니다.

3 달군 팬에 기름을 살짝 두르고 키친 타올로 닦은 다음 2의 반죽을 동일한 크기로 떠 올려 굽는다. 반죽에서 기포가 올라오면 뒤집어 노릇하게 구워 한김 식힌다.

+ 최대한 약한 불에서 충분히 익히고 기포가 올라올 때 뒤집어야 깔끔하고 매끄러운 표면이 만들어집니다.

4 3의 빵 반죽 한쪽 면에 팥앙금을 펴 바른 뒤 다른 빵으로 덮어 완성한다.

팥앙금은 집에서 직접 팥을 삶아서 설탕에 조려 팥소를 만들어도 좋아요.

빵 위에 파인애플 모자가!

파인애플핫케이크

이야기 요리

핫케이크는 주말 아침에 온가족이 모여 만들어 먹으면 좋은 음식이에요. 반죽에 아몬드를 넣어 고소하고 달콤한 파인애플 링을 얹어서 구우면 훨씬 더 맛있답니다. 여러 가지 과일이나 샐러드 채소를 곁들여 먹으면 한끼 식사로도 훌륭합니다. 바쁠 때에는 핫케이크 믹스를 이용해서 만들어도 됩니다. 처음 구울 때는 급한 마음에 빨리 뒤집었더니 속이 잘 익지 않았더군요. 이럴 때는 뚜껑을 덮고 약한불에서 은근하게 익히면 잘 익는 다는 것을 알려주었더니 금새 따라서 잘 만들었어요. 별것 없이 파인애플만 올려주었는데 예쁜 모자를 쓴 것 같은 핫케이크를 잘 먹었답니다. 아이들은 다음 캠핑 때에는 꼭 파인애플도 싸가서 이렇게 만들어보고 싶다고 했답니다.

(*5개 분량)

- 파인애플 링 5쪽
- 밀가루 120g
- 베이킹파우더 1 작은술
- 소금 1/4작은술
- 설탕 40g
- 달걀 2개
- 플레인요구르트 80g
- 우유 70g
- 녹인버터 20g
- 아몬드 슬라이스 20g
- 식용유 1큰술

1 파인애플은 동그란 모양을 살려 얇게 썬다. 통조림 파인애플일 경우 체에 받쳐 물기를 충분히 뺀다.

2 볼에 달걀과 우유, 플레인 요구르트를 넣고 설탕을 넣은 뒤 설탕이 녹도록 거품기로 잘 섞는다.

+ 우유와 요구르트는 어떤 맛의 차이가 있는지 이야기 나누어 보세요.

3 설탕이 녹으면 미리 체에 내린 밀가루, 베이킹파우더, 소금을 넣고 섞는다.

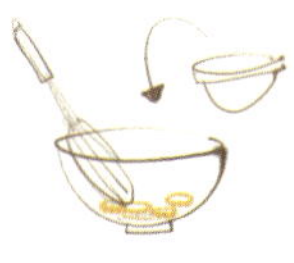

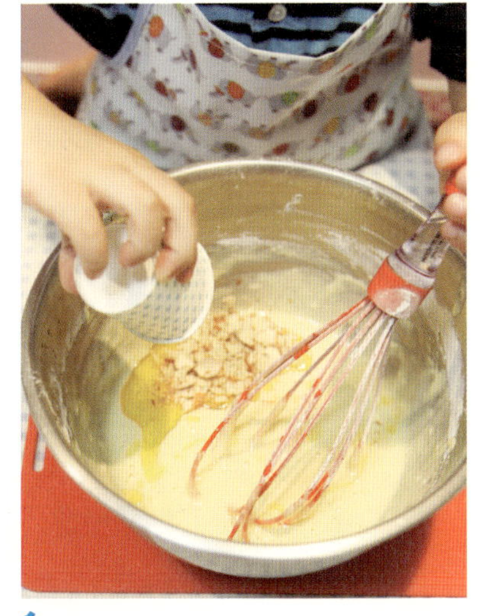

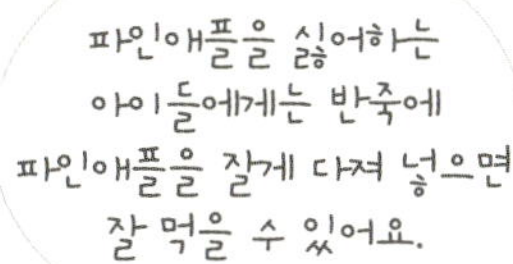

파인애플을 싫어하는
아이들에게는 반죽에
파인애플을 잘게 다져 넣으면
잘 먹을 수 있어요.

4 가루가 보이지 않도록 반죽이 섞이면 녹인 버터를 넣고 섞은 다음 아몬드 슬라이스를 넣어 반죽을 완성한다.

5 달군 팬에 기름을 두른 뒤 키친 타올로 닦은 뒤 약한 불에 올려 **3**의 핫케이크 반죽을 한국자 떠 올린 뒤 파인애플 링을 그 위에 올린다. 반죽에서 기포가 올라오면 반죽을 뒤집어서 충분히 익혀 완성한다.

+ 파인애플이 너무 두꺼우면 핫케이크 반죽이 잘 익지 않아요. 얇게 썰어 올린 뒤 약한 불에서 은근히 익혀주세요.(잘 익지 않을 때에는 뚜껑을 덮어 약한불에서 익히세요.)

누가 누가 높이 쌓나 내기해 보자

팬케이크탑

이야기 요리

팬케이크는 간편하게 만들 수 있고 맛도 좋아 아이들과 함께 주말에 자주 해 먹는 음식입니다. 아이들이 먹기 좋게 작은 사이즈의 팬케이크를 만드는데, 그럴 때 보면 아이들은 하나씩 탑 쌓기 놀이를 한답니다. 이제 팬케이크 만드는 것은 정말 쉽게 만드는 건희는 반죽을 국자로 떠 올려 작은 동그라미를 만드는 것도 잘 한답니다. 동그란 모양이 잘 안 나오면 예쁘지 않다면서 잘 만들려고 노력하는 모습이 대견스러웠지요. 평소에는 그냥 팬케이크를 먹었는데 탑 쌓기를 하려고 맛있는 커스터드 크림을 곁들였답니다. 팬케이크 사이에 크림을 발라 접착제 역할을 해서 튼튼하게 탑을 쌓으며 재미있게 놀았답니다. 놀다가 먹은 커스터드 크림이 들어간 팬케이크는 최고의 맛이라면서 좋아했지요.

(*20개 분량)
박력분 120g
계란 2개
설탕 50g
베이킹 소다 2g
포도씨유 2큰술
우유 2큰술
식용유 1큰술

커스터드 크림
우유 300g
달걀노른자 4개분
설탕 80g
박력분 30g
버터 15g

1 볼에 달걀과 설탕을 넣어 거품기로 젓는다. 설탕이 녹으면 미리 체에 내려 둔 박력분과 베이킹 소다를 넣고 섞는다.

2 가루가 보이지 않을 정도로 섞여지면 포도씨유, 우유를 넣고 섞어 반죽을 완성한다.

3 달군 팬에 기름을 두른 뒤 키친타올로 닦아 낸 뒤 아주 약한 불로 줄이고 팬케이크 반죽을 한수저씩 떠 올려 굽는다. 기포가 올라오기 시작하면 뒤집어 익힌 뒤 한김 식힌다.

+ 팬케이크를 크게 만든 다음 모양깍지로 찍어 아이들이 좋아하는 모양을 만들어보는 것도 재미있어요.

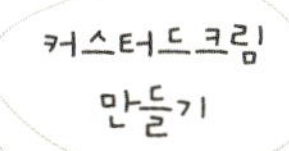

커스터드크림 만들기

4 새로운 볼에 달걀 노른자와 설탕을 넣고 섞은 다음 설탕이 녹으면 밀가루를 넣고 거품기로 잘 섞는다. 여기에 따뜻하게 데운 우유를 넣고 덩어리지지 않게 섞는다.

5 4를 냄비에 붓고 거품기로 저어가며 약한 불에서 걸쭉하게 될 때 까지 끓인다. 크림 상태로 걸쭉하게 되면 불에서 내려 버터를 넣고 거품기로 잘 섞은 다음 식힌다.

+ 커스터드 크림은 쉽게 상하므로 냉장 보관해서 1~2일 정도 내에 소비하는 것이 좋아요.

6 아이들과 함께 팬케이크 위에 크림을 바르고 다시 팬케이크 올리기를 반복해서 높이 쌓아 본다.

+ 팬케이크가 쓰러지지 않도록 높이 쌓는 활동은 집중력을 키우고 균형 감각도 익힐 수 있답니다.

매콤한 양파가 달콤한 잼으로 변신

양파잼꽃모양샌드위치

이야기 요리

우리집 아이들은 식빵에 잼을 발라서 먹는 것을 참 좋아해서 가끔 여유로울 때 과일 잼을 만들어둡니다. 아이들에게 양파로 잼을 만든다고 하니 매운 양파로 어떻게 잼을 만드냐며 믿지 않더군요. 양파를 썰지도 않으려고 했지만 찬물에 좀 오랫동안 담가 매운맛을 빼고 썰게 했더니 잘 썰었어요. 생 양파를 살짝 맛보게 했더니 양파는 매운데 어떻게 잼을 만들면 달콤한지 계속 궁금해했어요. 양파를 볶고 설탕을 넣고 조려 양파 잼이 완성되자 생각보다 맛있다며 좋아했어요. 다음에는 다른 과일들을 이용해서 잼을 만들어보기로 했답니다. 꽃모양 깍지를 이용해서 예쁜 꽃모양 샌드위치를 만들 때는 즐거워 했어요. 꽃모양 깍지로 모양을 찍어 순서를 정해서 재료들을 올리면서 아이들과 배열의 규칙에 대한 이야기도 나누었지요. 아이들이 완성한 양파잼 샌드위치는 엄마와 아빠 모두 놀랄만큼 맛있었답니다.

양파잼
양파 2개(200g정도)
설탕 70g
발사믹식초 2큰술
식용유 1큰술

샌드위치(8개 분량)
식빵 4쪽
슬라이스햄 2장
슬라이스 치즈 2장
로메인(또는 상추) 4장

도구
꽃모양 모양깍지

1 달군 팬에 식용유를 두르고 채썬 양파를 넣어 약한 불에서 나른하게 볶다 설탕을 넣고 계속 볶는다. 양파에서 수분이 나와 국물이 흥건해지면 20~25분 정도 조린다.

+ 과일은 수분이 많아서 오래 보관할 수 없지만 설탕에 절여 끓이면 고당도의 당분으로 인해서 미생물이 번식할 수 없는 것을 이용해 오랫동안 저장할 수 있다는 이야기를 해주세요.

2 국물이 1/3정도 남게 조려지면 발사믹 식초를 넣고 한번 더 조려 소독한 병에 담아 식힌다.

양파잼 뿐만 아니라 딸기, 사과, 복숭아, 포도 등 다양한 과일로도 잼을 만들 수 있다는 것에 대해 이야기해 봅니다.

3 식빵과 슬라이스 햄, 슬라이스 치즈는 꽃모양 깍지로 찍어두고 로메인은 씻어서 적당한 크기로 썬다.

4 식빵 한쪽 면 위에 양파잼을 바르고 그 위에 로메인 → 햄 → 치즈 순으로 올린 뒤 다시 식빵으로 덮어 완성한다.

+ 샌드위치 만드는 과정에서 순서대로 재료를 올려 규칙과 정렬에 대해 알아봅니다.

파릇파릇 새싹이 듬뿍

새싹샌드위치

이야기 요리

새싹은 그냥 채소보다 영양소가 더 많이 들어있다고 알려져 있어요. 하지만 특유의 씁쓸한 맛 때문에 아이들은 잘 먹지 않지요. 아이들에게 새싹채소에는 다 자란 채소보다 영양 성분이 더 많아서 몸에 좋다는 이야기를 해주고 새싹채소로 샌드위치를 만들었지요. 식빵과 치즈는 모양깍지로 찍어 맘에 드는 모양으로 만들었는데 이 과정은 건희가 정말로 좋아해서 엄마는 손도 못대게 했답니다. 메추리알은 항상 삶아서만 먹다가 프라이를 했더니 귀여운 꼬마 달걀프라이라면서 즐거워했어요. 속재료를 올릴 때는 재료를 넣는 순서를 정해주면 아이들은 그 순서를 기억하면서 열심히 만들어요. 아이들에게 규칙과 패턴에 대한 이해를 쉽게 가르칠수 있는 좋은 방법이기도 하답니다. 샌드위치가 완성되고 맛을 보더니 아이들이 좋아하는 재료인데다가 자기 손으로 직접 만들어서인지 새싹채소를 골라내지 않고 잘 먹었어요. 앞으로는 새싹채소를 싫어하지 않고 맛있게 먹겠다는 약속도 했지요.

(*6개 분량)
식빵 6쪽
메추리알 6개 정도
방울토마토 12개
새싹채소 30g
슬라이스 치즈 3장
마요네즈 3큰술
씨겨자 1큰술
식용유 1큰술

식빵은 그냥 사용하는 것보다 살짝 구워서 사용하면 맛도 좋고 눅눅해지지 않아요.

1 식빵과 슬라이스 치즈는 모양 모양 깍지로 찍어둔다.

+ 식빵과 치즈는 아이들이 좋아하는 모양깍지로 맘껏 찍어보게 해주세요.

2 방울토마토는 동그란 모양을 살려 썰고 새싹 채소는 씻어서 물기를 뺀다.

3 달군 팬에 기름을 두르고 메추리알을 올려 굽는다.

4 빵의 한쪽면에 마요네즈와 씨겨자 섞은 것을 바른 뒤 새싹채소 → 슬라이스치즈 → 방울토마토 → 메추리알 순으로 올린 뒤 다시 빵으로 덮어 완성한다.

내가 좋아하는 색으로 골라먹는 샌드위치

삼색샌드위치

이야기 요리

삼색 샌드위치는 초록색 오이, 노란색 달걀, 핑크색 햄 등의 재료를 각각 준비해서 색깔별로 만든 샌드위치랍니다. 재료 본연의 맛을 느낄 수 있고 색감도 느끼는 담백한 샌드위치지요. 재료를 손질하고 만드는 과정은 단순하지만 아이들은 큰 성취감을 느끼는 요리랍니다. 아이들과 오이, 햄, 달걀의 색깔에 대해 이야기 해보고 같은 색을 가진 재료는 어떤 것들이 있는지에 대해서 이야기도 나누었지요. 오이를 별로 좋아하지 않는 건희는 오이는 안먹을 것이라고 강조하더니 오이를 자르고 소금에 살짝 절이는 과정에서 맛을 보게 했더니 아삭아삭하고 시원하다는군요. 햄은 그냥 먹는 것 보다 끓는 물에 데치면 몸에 좋지 않은 기름기와 첨가물이 빠져서 건강하게 먹을 수 있다는 이야기도 해주었어요. 부드러운 빵 사이에 각각의 색을 가진 재료들을 바르고 샌드위치를 완성했더니 맛과 색이 예쁜 샌드위치가 되었답니다.

(*6개 분량)
식빵 6장
오이 1/2개
햄 70g
달걀 1개
마요네즈 3큰술
소금·후춧가루 약간씩

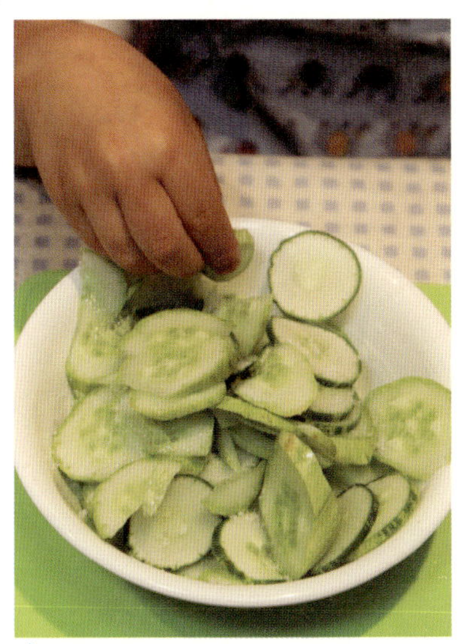

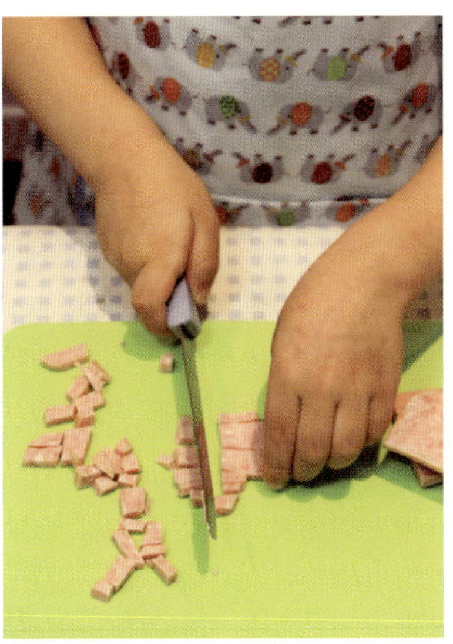

1 오이는 동그란 모양을 살려 얇게 썬 다음 소금 1/3 작은술을 뿌려 절인다. 오이에서 수분이 나오고 절여지면 물기를 꼭 짜둔다.

2 햄은 잘게 다진다.

+ 햄을 사용하기 전에 뜨거운 물에 살짝 데쳐서 사용하면 기름기도 빠지고 식품첨가물도 제거됩니다.

3 달걀은 완숙으로 삶아서 껍질을 벗긴 뒤 잘게 다지듯이 썰어 둔다.

각각의 채소가 가진 색깔에 대해 알아보고 같은 색을 가진 채소들에 대해서 이야기 나누어 보세요.

4 볼에 각각 절인 오이, 햄, 달걀을 담고 각각에 마요네즈와 약간의 소금, 후춧가루를 넣고 섞어 둔다.

+ 오이나 달걀 이외에 파프리카, 브로콜리, 당근, 적양배추 등 다양한 색깔 채소를 이용해서 만들어도 좋아요.

5 식빵을 팬에 살짝 구워 오이, 햄, 달걀을 각각 올리고 다른 식빵으로 덮은 뒤 테두리는 잘라내고 먹기 좋게 썰어 낸다.

아이들이 먹기에 딱!

미니햄버거

이야기 요리

햄버거는 아이들이 좋아하는 간식이에요. 평소에는 그냥 먹기만 해서 햄버거에 어떤 재료가 들어가는지 잘 몰랐던 아이들에게 들어가는 재료들을 설명해주고 함께 만들었더니 집에서 만들면 더 맛있고 몸에도 좋을 것 같다는군요. 햄버거 패티를 만들 때는 다진 고기와 다양한 재료를 넣고 함께 조물조물 반죽도 하고 모양도 빚어 보았어요. 고기 패티를 다 굽고 나서 하나 잘라 먹어보게 하니 사 먹는 것과는 다른 맛이라고 해요. 사 먹는 햄버거는 사실 좀 짜서 물을 많이 먹게 되었는데 집에서 함께 만든 패티는 짜지도 않고 진짜 고기를 먹는 맛이라면서 훨씬 좋다고 했지요. 아이들이 먹기 좋게 작은 크기로 만드니 먹기에도 좋고 더 맛있다고 엄마를 칭찬해 주었답니다. 생일 파티나 특별한 날에 만들어 내면 파티 분위기를 한껏 낼 수 있답니다. 햄버거 패티는 넉넉히 만들어 냉동 시켰다가 반찬으로 먹어도 좋답니다.

(*4개 분량)

햄버거 패티

다진 소고기 200g
다진 돼지고기 200g
달걀 1/2개, 양파 1/3개
빵가루 1/2컵
다진마늘 2작은술
소금 1/3작은술
후춧가루 약간

햄버거 재료

모닝빵 4개, 치즈 2장
양상추 4장, 토마토 1개
마요네즈 4큰술
케첩 약간

1 볼에 다진 고기와 달걀, 다진 양파, 빵가루, 마늘, 소금, 후춧가루를 넣고 끈기가 생길 때 까지 치댄다.

+ 햄버거 패티는 오랫동안 치대야 끈기가 생기고 맛도 좋아집니다. 아이들과 함께 찰흙놀이 하듯이 손으로 조물조물 치대서 만들어 보세요.

2 고기 반죽은 4개로 나누어 동글납작한 모양으로 빚는다.

3 달군 팬에 식용유를 두르고 **2**의 고기 패티를 올려 타지 않고 속까지 완전히 익도록 구워 낸다.

+ 고기 패티를 속까지 완전히 익히기 힘들 때에는 뚜껑을 덮고 약한 불에서 익히세요. 속까지 완전히 잘 익게 됩니다.

4 양상추는 손으로 뜯어서 씻은 뒤 물기를 빼고 토마토는 동그란 모양을 살려서 썬다. 슬라이스 치즈는 반으로 자른다.

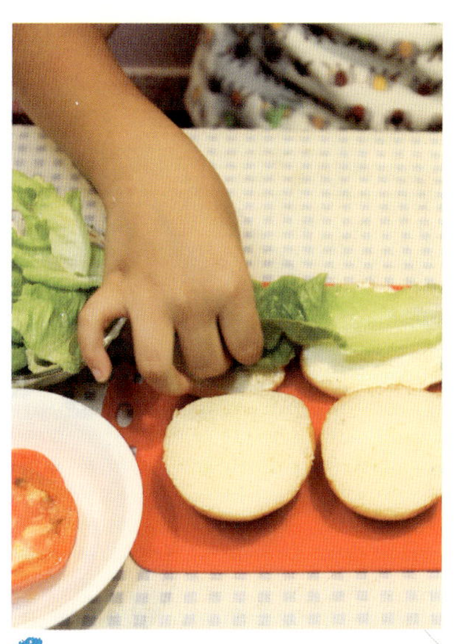

5 모닝빵을 반으로 갈라 마요네즈를 바른 뒤 양상추 → 패티 → 치즈 → 토마토 순으로 올린 뒤 케첩을 뿌려 완성한다.

피자, 햄버거 등 사먹는 인스턴트 음식이 좋지 않은 이유에 대해 이야기 나누세요.

한입에 쏙! 귀여운 꼬마핫도그

꼬마핫도그

이야기 요리

핫도그는 아이들이 좋아하는 간식 중에 하나입니다. 밖에서 사먹는 핫도그는 튀긴 기름도 걱정되고 찜찜한 마음이 들기도 하지요. 꼬마 핫도그는 핫케이크 믹스를 이용해서 간단히 반죽을 만들고 아이들이 좋아하는 비엔나 소시지를 꼬치에 꽂아 반죽 옷을 입혀 동글동글 귀여운 모양의 핫도그랍니다. 기름에 튀기는 과정은 위험해서 아이들은 멀리서 바라만 보았지만 반죽이 순식간에 부풀어 오르면서 동그랗고 귀여운 핫도그가 완성되니 아주 즐거워했어요. 한입에 쏙쏙 들어갈 수 있도록 작게 만든 핫도그는 아이들의 입맛에 딱 맞았는지 더 맛있어 했답니다. 놀이동산에 가서 사먹는 핫도그보다 집에서 만들어 먹는 핫도그가 최고라며 엄마도 칭찬해 주었답니다.

(*10개 분량)

비엔나 소시지 10개
핫케이크 믹스 1컵
달걀 1개
물 약간
빵가루 1컵
식용유 적당량
케첩 약간

소시지에는 첨가물이 들어 있는 경우가 많으므로 끓는 물에 데쳐 사용하면 첨가물도 빠지고 기름기도 제거되어 건강하게 먹을 수 있어요.

1 볼에 핫케이크 믹스를 붓고 달걀을 넣고 걸쭉한 반죽을 만든다. 이때 반죽이 너무 걸쭉하면 물을 조금 첨가한다.

2 비엔나 소시지는 끓는 물에 살짝 데친 뒤 꼬치에 꽂아 놓는다.

꼬마 핫도그는 모양도 귀여울 뿐만 아니라 아이들이 좋아하는 메뉴라서 꼬치에 작은 리본을 달아 생일파티나 포틀럭 파티때 준비하면 좋은 메뉴입니다.

3 **2**의 소시지를 **1**에 넣고 돌려 옷을 입히고 빵가루를 골고루 묻힌다.

4 180℃ 정도로 가열한 튀김 기름에 핫도그를 넣고 바삭하게 튀긴 다음 케첩을 뿌려 완성한다.

+ 튀기는 과정은 기름이 튈 수 있어 위험하니 꼭 엄마가 해주세요.

만두피로 간편하게 만드는 사과파이

만두피사과파이

이야기 요리

사과는 그냥 먹어도 맛이 좋지만 서양에서는 요리할 때 많이 이용합니다. 사과파이가 대표적인데요, 사과파이는 사과를 설탕에 조려 아삭하고 달콤한 사과를 듬뿍 먹을 수 있는 요리입니다. 일반 파이를 만들려면 파이지를 만드는 과정이 번거롭지만 만두피를 이용하면 간단하고 쉽게 만들 수 있답니다. 아이들은 엄마가 준비한 재료에 만두피와 사과를 보고 나서 어떤 요리를 할 건지 너무 궁금해 했지요. 애플파이를 만들 것이라고 하니 의아해 했지만 사과를 썰어 조리고 만두피에 올리면서 차츰 애플파이가 될 것 같다는 자신감을 가지더군요. 오븐에서 꺼낸 만두피 사과파이는 겉은 바삭해서 과자 맛이 나고, 속에는 달콤한 사과가 들어 있어 무척 달콤하답니다. 건희는 동그란 모양의 애플파이가 꼭 우주선 같다며 다 만들어진 애플파이로 우주선 놀이도 실컷 했답니다.

(*10개 분량)
만두피 20장
사과 1개
건포도 1큰술
해바라기씨 1/2큰술
설탕 35g
버터 15g
계피가루 1작은술
레몬즙 1작은술
식용유 약간
달걀 물 약간

1 사과는 껍질째 깨끗하게 씻은 뒤 씨 쪽은 발라내고 잘게 썬다.

+ 사과의 껍질을 벗기면 폴리페놀이라는 성분에 의해 색깔이 변한다는 이야기를 살짝 해주고, 이 때는 설탕물에 담가두면 색이 변하지 않는다는 것도 알려주세요.

2 달군 팬에 버터를 녹이고 손질한 사과와 설탕을 넣어 약한 불에서 볶는다. 사과가 부드럽게 볶아지면 건포도, 해바라기 씨, 계피가루, 레몬즙을 넣고 국물이 거의 없을 정도로 볶아 한김 식힌다.

3 만두피를 도마 위에 올리고 붓으로 달걀물을 살짝 바른 뒤 가운데 부분에 동그랗게 사과조림을 올린다.

+ 만두피 속에 사과조림을 넣고 만두 모양, 복주머니 모양 등 다양한 모양으로 사과파이를 만들어 보세요.

4 사과조림 위에 다시 만두피를 한 장 올려 덮은 뒤 모서리 부분은 포크로 눌러 터지지 않게 붙인다.

5 오븐팬 위에 사과파이를 올리고 붓으로 기름을 바른 뒤 200℃로 예열한 오븐에서 10~15분 정도 타지 않게 구워낸다.

+ 오븐이 없을 때에는 기름에 살짝 튀겨내도 좋아요.

사과는 껍질에 영양분이 많아서 껍질을 깍지 않고 먹는 것이 몸에 더 좋다는 것을 이야기해 주세요.

c o o

t i

i n g

PART 5

특별한 디저트와 쫄깃한 떡요리

밤푸딩
우유푸딩
오렌지젤리
과일컵케이크
요거트아이스크림
화분샐러드
—
가래떡찜
꽃송편
잡곡밥경단
단호박대추부꾸미
와플찹쌀떡
새알팝꼬치
딸기찹쌀떡
롤리팝절편
백설기샌드위치

m e

유리병에 담긴 보들보들 푸딩

밤푸딩

이야기 요리

푸딩은 보들보들한 식감과 달콤하고 부드러운 맛이 좋은 디저트 중에 하나입니다. 달걀과 우유의 간단한 재료로 만들기 때문에 만들기도 쉽고 맛도 좋아 아이들과 함께 만들기에도 좋아요. 밤푸딩은 맛있는 밤을 으깨 넣어 밤향이 솔솔 나서 더 맛있고 영양가도 좋답니다. 밤을 먹기 좋게 쪄서 껍질을 벗기고 푸딩에 넣기 위해 으깨는데 연희는 밤을 좋아해서 아주 듬뿍 넣고 싶다고 하더군요. 으깬 밤을 달걀과 우유 섞은 것에 넣고 체에 거를 때는 왜 해야 하는지 궁금해 해서 달걀 섞은 것을 체에 여러 번 내리면 달걀과 우유 사이에 공기가 많이 들어가서 나중에 푸딩이 아주 부드럽고 보들보들하게 만들어 진다고 이야기 해 주었어요. 체에 내린 달걀을 유리병에 넣고 이제 중탕으로 익히면 완성이지요. 아이들 생일 파티때 네임택을 달아 각자 하나씩 나누어 주거나 선물로 주어도 좋은 아이템이에요.

(*4개 분량)
밤 4개, 달걀 2개
우유 180g, 설탕 15g

설탕시럽
설탕 3큰술
물 2큰술, 뜨거운 물 2큰술

설탕시럽 만들기
냄비에 설탕과 물을 넣고 불에 올려 젓지 않고 그대로 끓인다. 냄비 끝부분이 갈색이 돌기 시작하면 젓지 않고 냄비째 돌려서 섞어 준다. 시럽이 끓어 오르면 뜨거운 물 2큰술을 조심해서 부운 뒤 잘 섞어 다시 불에 올려 걸쭉해지면 시럽을 완성한다.

1 밤은 껍질을 벗기고 삶아 준비한다. 그 중에 1개는 작게 썰고 나머지는 으깬다.

2 볼에 달걀과 설탕을 넣고 거품기로 저어 설탕을 녹인다.

3 냄비에 우유를 붓고 데운다. 냄비의 가장자리에 거품이 생길 정도로만 데운 뒤에 불을 끄고 미리 풀어 놓은 달걀과 으깬 밤을 넣고 잘 섞는다.

4 **3**을 체에 1~2번 정도 내려준다.

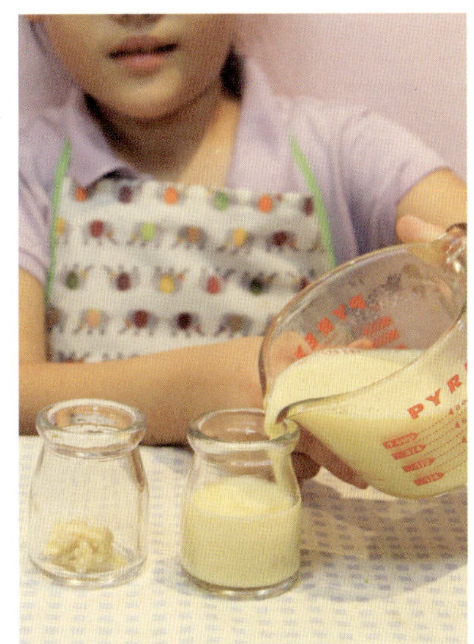

5 푸딩을 담을 병에 **4**를 거품이 생기지 않도록 가만히 따라 넣고 윗부분은 호일로 씌운다.

6 냄비에 물을 붓고 끓여 호일로 덮은 푸딩병을 넣고 중탕으로 10분 정도 익혀 꺼내 식힌 뒤 잘게 썬 밤과 설탕 시럽을 뿌려 완성한다.

+ 푸딩은 너무 오래 익히면 달걀찜 같은 식감이 되어서 맛이 없어요. 10분 정도 익힌 뒤 젓가락으로 찔러 보아 달걀이 묻어 나오지 않으면 다 익은 것이랍니다.

우유로 만드는 달콤한 디저트

우유푸딩

이야기 요리

우유 푸딩은 우유로 만들 수 있는 간단한 디저트입니다. 여러 가지 과일들을 이용해서 예쁘고 맛있게 꾸밀 수도 있어요. 판젤라틴을 보고 궁금해 하는 건희에게 건희가 좋아하는 젤리를 만들 때 쫀득한 식감을 만들어주는 재료라는 것 정도만 알려주었어요. 판젤라틴을 찬물에 담그자 금새 흐물흐물 해지는 것을 보고 재미있어 했지요. 따뜻하게 데운 우유에 불린 젤라틴을 넣자 금새 녹아버리는 것을 보고 정말 신기해 하더군요. 물처럼 흐르는 우유를 그릇에 담고 냉장고에 넣어두면 마법이 이루어진다고 했더니 아주 기대하면서 기다렸어요. 푸딩이 적당히 굳자 꺼내서 건희에게 흔들어 보라고 했더니 분명히 물 같았는데 흔들어도 흔들리지 않고 숟가락으로 떠서 먹어야 한다며 판젤라틴 때문인 것 같다고 이해를 했답니다. 시럽을 붓고 건희가 좋아하는 라즈베리도 올려 떠 먹어보니 상큼하고 달콤한 것이 아주 맛있다면서 누나가 만든 것 보다 자기가 만든 것이 더 맛있는 것 같다면서 좋아했어요.

(*4개 분량)
우유 250g
생크림 125g
설탕 20g
판젤라틴 6g
라즈베리 약간
메이플 시럽 약간

1 판젤라틴은 찬물에 10분 정도 불렸다가 꺼내 물기를 꼭 짜둔다.

2 냄비에 우유, 생크림, 설탕을 넣고 설탕이 녹을 정도로만 데운다.

3 데운 우유에 **1**의 불린 판 젤라틴을 넣고 녹여 잘 섞는다.

4 **3**의 우유를 투명 컵에 담고 냉장고에서 1시간 정도 굳힌다.

5 **4**의 푸딩이 굳으면 꺼내 메이플 시럽을 붓고 딸기나 라즈베리를 얹어 장식한다.

+ 다양한 과일이나 과즙을 이용해서 푸딩을 만들어보세요. 아이들과 함께 푸딩을 만들고 싶은 과일은 어떤 것이 있는지 이야기 나누어 보세요.

젤라틴은 천연 단백질인 콜라겐을 가공해서 만든 것으로 젤라틴을 액체에 넣고 끓이면 어떤 상태와 식감으로 변하는지 알아보세요.

상큼한 젤리속 누구 얼굴?

오렌지젤리

이야기 요리

오렌지젤리는 인공 색소 대신 진짜 오렌지 즙을 넣어 건강하고 맛있게 만들 수 있고 오렌지 껍질을 그릇으로 사용해서 더 재미있는 젤리랍니다. 젤리처럼 쫀득쫀득하면서도 말랑말랑하게 만들어주는 것은 판젤라틴이라는 것인데요, 젤라틴은 동물의 뼈나 살에 포함된 단백질의 일종으로 물이나 주스 등에 일정량을 넣고 끓여 식히면 젤리 상태로 만들어준답니다. 오렌지의 속을 파내면 오렌지 즙이 여기저기 튀기도 하지만 파내는 과정도 아이들에게는 즐거운 놀이랍니다. 판젤라틴은 따뜻한 물에서 쉽게 녹기 때문에 차가운 물에 잠시 담가 불렸다가 따뜻하게 데운 주스에 넣고 잘 섞은 다음 다시 오렌지 그릇에 담고 냉장고에 넣어 두기만 하면 말랑말랑한 오렌지 젤리가 완성되지요. 만드는 동안 궁금해서 몇 번이나 냉장고 문을 열었다 닫았다 하는 아이들! 정말 말랑말랑한 젤리가 만들어지자 너무나 신나했어요.

(*3개 분량)
오렌지 3개
오렌지 주스 1컵
설탕 40g
레몬즙 1큰술
판젤라틴 6장(12g)
초코펜

1 오렌지는 위에서 1/3되는 지점을 자르고 껍질이 찢어지지 않도록 순가락으로 속을 파낸다.

2 파낸 속은 체에 받쳐 꾹꾹 눌러 즙만 받아 둔다.

+ 오렌지를 갈은 뒤 체에 한번 걸러 주면 식감이 부드러운 젤리가 만들어지고 체에 거르지 않으면 오렌지의 섬유질이 살짝 씹히는 젤리가 만들어집니다.

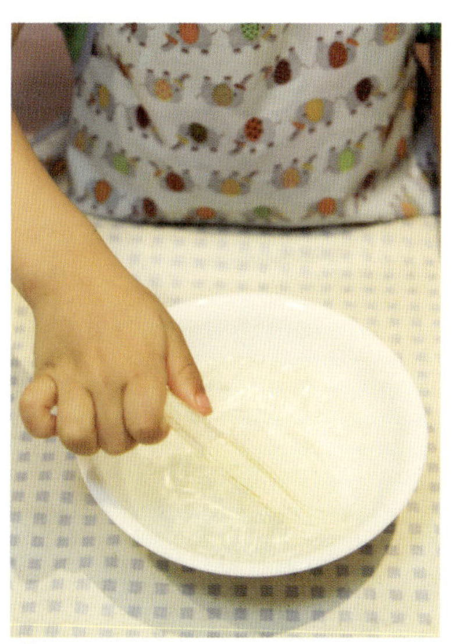

3 판젤라틴은 물에 10분 정도 담가 불린다.

4 냄비에 **2**의 오렌지 즙, 오렌지 주스와 설탕을 넣고 불에 올려 데운다. 냄비 가장자리에 거품이 올라올 정도로만 데운 뒤 불에서 내리고 불린 젤라틴을 넣고 섞어가며 녹인다.

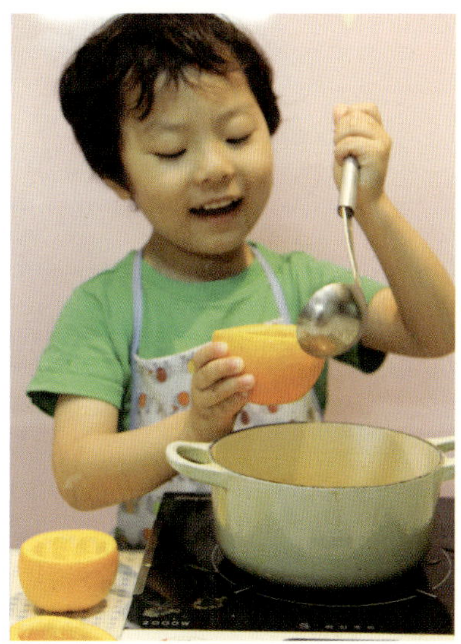

5 속을 파내고 남은 오렌지 그릇에 **4**의 오렌지 과즙을 넣고 냉장고에서 2~3시간 정도 넣어 굳힌다.

+ 젤리는 어떻게 만들어지는 지에 대해 알아봅니다.

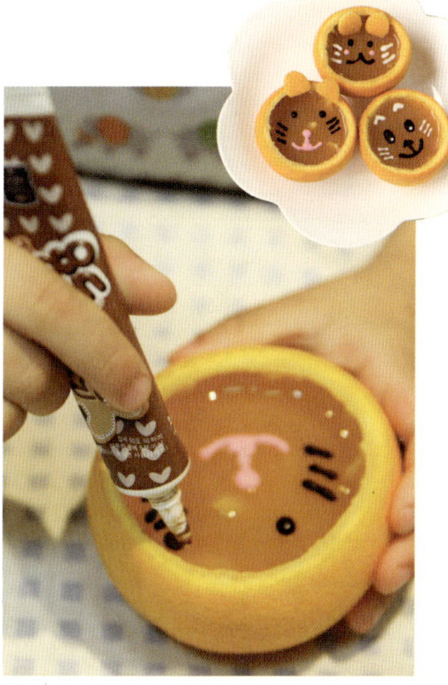

6 젤리가 굳으면 초코펜으로 눈, 코, 입 등 동물 모양을 표현한다.

+ 초코펜으로 동물 얼굴, 사람 얼굴 등 여러 가지 얼굴을 표현해봅니다.

컵 속에 케이크가 듬뿍

과일컵케이크

이야기 요리

투명한 컵 속에 과일과 카스텔라를 한입 크기로 잘라 넣어 떠 먹는 특별한 케이크랍니다. 아이들 생일 파티 때 특별한 날 만들면 보기에도 예쁘고 맛도 좋아 인기 만점이지요. 여러 가지 과일과 카스텔라도 썰고 생크림도 직접 만들어 먹고 싶은 재료를 컵 속에 듬뿍 담으면 모양도 예쁘고 맛도 좋은 나만의 케이크가 완성됩니다. 생크림을 처음으로 만들어 본 건희는 생크림과 설탕을 넣고 거품기로 저었는데 좀처럼 부풀어오르지 않아 실망했지만 엄마와 누나가 조금 도와주자 부풀어 오른 생크림을 보고 신기해 했지요. 카스텔라 빵도 직접 썰고 과일도 직접 썰어보면서 과일 맛도 보고 어떤 과일을 좋아하는지 엄마와 이런저런 이야기를 나누기도 했어요. 컵 속에 과일과 카스텔라를 넣으면서 중간 중간 짤주머니에 들은 생크림을 짜 넣는 것이 너무 재미있다고 했답니다. 완성된 컵케이크를 먹으면서 다음 생일날에는 이 케이크를 만들어서 초를 꽂아 파티를 하자고 했어요.

(*4개 분량)
카스텔라 2쪽
딸기 10개
오렌지 1개
키위 1개
청포도 1/3송이
생크림 120g
설탕 20g
(*과일은 선택 가능)

1 볼에 차가운 생크림과 설탕을 넣고 거품기로 저어 휘핑 크림을 만든다.

+ 차가운 생크림에 설탕을 넣고 거품기로 오랫동안 저으면 크림처럼 단단해지는 것을 경험해봅니다.

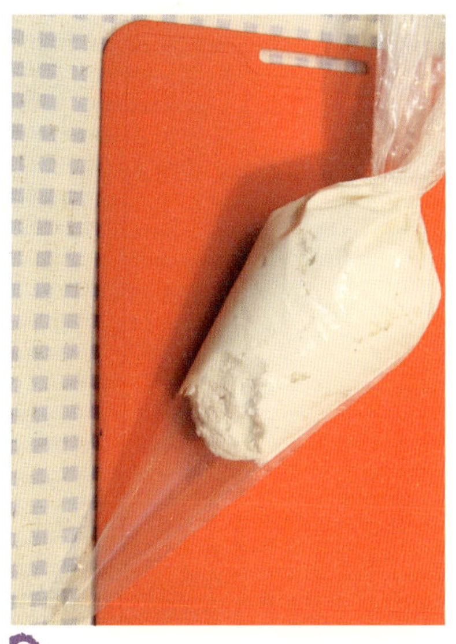

2 거품기를 들어 올려보았을 때 뿔이 생길 정도로 단단하게 거품을 만든 뒤 짤 주머니에 담는다.

3 카스텔라는 한입 크기로 깍둑썰기 한다.

4 딸기, 오렌지, 키위, 청포도는 깨끗이 씻어서 한입 크기로 썬다.

5 투명한 컵에 카스텔라와 과일을 넣고 생크림을 취향껏 짜서 넣어 꾸민다.

+ 직접 좋아하는 과일들을 예쁘게 담아 생크림을 넣어 꾸미는 활동을 해봅니다.

내 맘대로 먹는 아이스크림

요거트아이스크림

이야기 요리

더운 여름이 오면 아이들이 쉴 새 없이 찾는 것 중에 하나가 아이스크림이지요. 조금 번거롭지만 직접 아이스크림을 만들어 건강하게 즐겨보세요. 아이스크림을 만든다는 소리에 들떠 버린 아이들은 빨리 만들어 먹고 싶은 마음에 어쩔 줄 몰라 합니다. 우유와 생크림, 요거트까지 아이들이 좋아하는 재료를 넣고 거품기를 오랫동안 저어야 공기가 충분히 들어가서 부드러운 아이스크림이 만들어진다는 것도 알려주고, 다시 냉동실에 넣고 충분히 얼 때까지 기다려야 한다는 것도 배웠답니다. 아이스크림이 얼 때 까지 기다리는 것이 쉽지 않아 한가지 더 제안했지요. 원하는 재료들을 골라 넣어 내 맘에 쏙 드는 아이스크림을 만들어 보기로 말이죠. 그래서 여러 가지 과일과 시리얼 등을 준비해서 각자 먹을 그릇에 담아 꾸밀 때는 아이스크림 가게 주인이 된 것 같다면서 좋아했답니다. 과일과 시리얼도 넣어 부드럽게 만들어진 시원한 아이스크림을 먹고 어느 아이스크림보다 맛있다고 아이들은 행복해 했답니다.

(*2~3인분)
생크림 1컵
우유 1컵
플레인 요구르트 200g
꿀 2큰술
바나나 1개
딸기 5개
블루베리 1/4컵
시리얼 약간
초코시럽 약간
(*과일은 선택 가능)

1 우유, 생크림과 플레인 요구르트, 꿀을 넣고 거품기로 저어준다. 이때 공기가 많이 들어갈 수 있도록 충분히 저어준다.

+ 아이스크림을 만들 때 거품기로 충분히 오랫동안 저어주어야 공기가 많이 들어가서 부드러운 아이스크림이 만들어집니다.

2 1을 그릇에 담고 냉동실에 넣어 얼린다.

3 요구르트가 얼면 꺼내서 포크로 긁어준 다음 다시 얼리기를 2~3번 정도 반복해 아이스크림을 완성한다.

아이스크림을 만드는 주재료가 생크림, 우유 인 것에 대해 알아봅니다.

4 바나나는 껍질을 벗기고 먹기 좋게 썬다. 딸기는 꼭지를 따고 먹기 좋은 크기로 썬다. 블루베리, 시리얼, 견과류, 초코시럽 등도 준비한다.

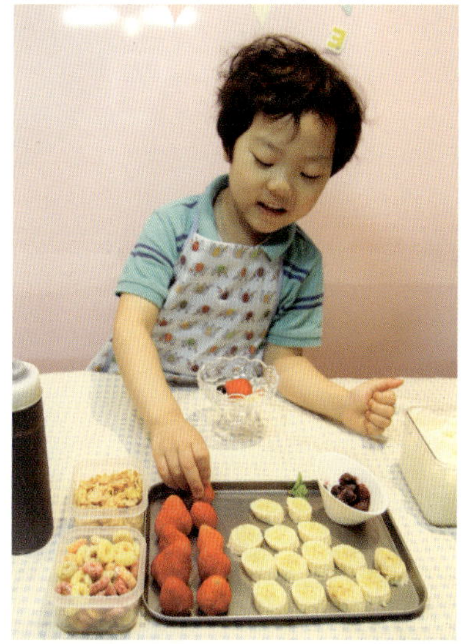

5 완성된 아이스크림을 스쿱으로 떠서 그릇에 담고 준비한 부재료들을 마음대로 담아 먹는다.

+ 평소에는 우유 섞은 것에 잘게 다진 과일을 넣고 섞어 얼려서 과일 아이스크림으로 만들어 먹을 수도 있어요.

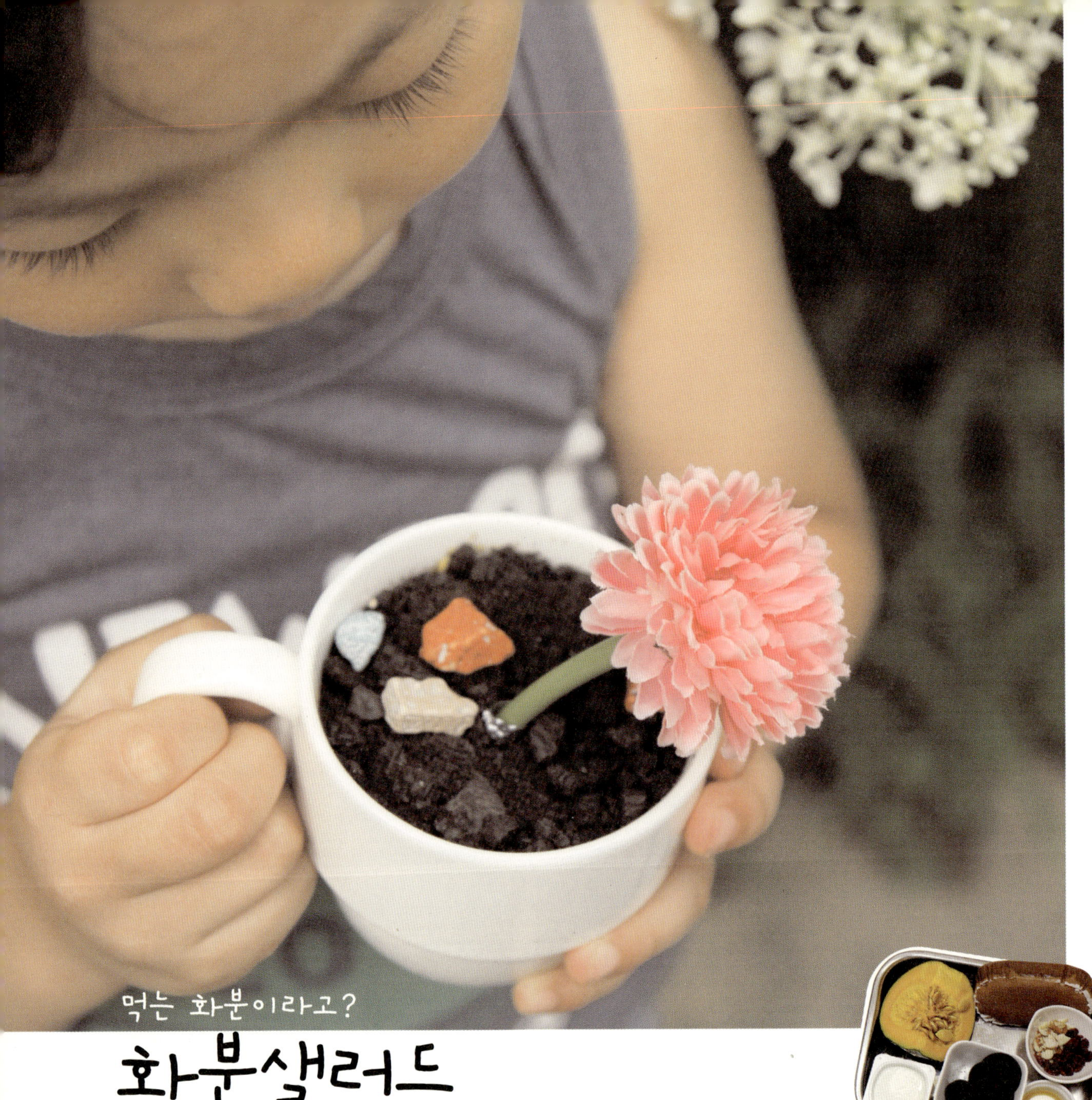

먹는 화분이라고?

화분샐러드

이야기 요리

화분 샐러드는 예전에 방송 프로그램을 준비하면서 만들었던 음식이에요. 화분샐러드를 아이들에게 주면 처음 반응은 다들 '이게 먹는거라구요?' 하며 놀랍니다. 생긴 모습은 정말 화분처럼 생겼지만 실제로는 맛있는 샐러드가 담긴 요리지요. 단호박과 아몬드슬라이스, 건크랜베리 등을 이용해서 만들었지만 집에 있는 다양한 채소, 견과류 등을 이용해서 만들어도 좋아요. 그릇의 크기에 맞추어 카스텔라를 자르고 사이 사이에 단호박 샐러드를 넣어 그릇을 채웠어요. 처음에는 카스텔라를 왜 잘라야 하는지 모르겠다는 연희에게 그릇 크기에 맞추어 쏙쏙 넣어 줄 거라고 했더니 모양 틀을 이용하면 좋을 것 같다고 해서 연희의 생각대로 모양 틀을 이용해서 잘랐어요. 화분의 모습처럼 꾸밀 때는 흙대신 초코 쿠키를 잘게 으깼지요. 샐러드 위에 뿌리니 정말 그럴듯한 흙 모양이 되어 신기해 했어요. 집에 있던 조화를 꽂고 지렁이 젤리와 돌 모양 초콜릿으로 꾸몄더니 정말 작은 화분처럼 생긴 샐러드가 완성되었지요.

(*4개 분량)
초코 쿠키 5개
카스텔라 1개
단호박 1/4통
건크랜베리 1큰술
아몬드 슬라이스 20g
플레인 요구르트 100g
꿀 1큰술
소금 약간

1 카스텔라는 그릇 크기의 동그란 모양으로 잘라 얇게 썬다.(쿠키 커터나 컵을 이용해도 좋다).

2 단호박은 삶아서 씨는 발라내고 껍질을 벗겨 곱게 으깬다.

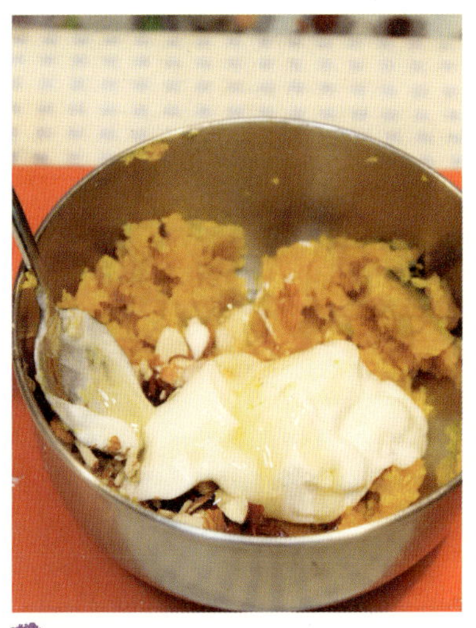

3 볼에 으깬 단호박, 아몬드 슬라이스, 건크랜베리, 플레인 요구르트, 꿀, 소금 약간을 넣고 잘 섞어 단호박 샐러드를 만든다.

+ 단호박 샐러드 대신 과일샐러드나 감자 샐러드등 집에 있는 재료들을 활용해서 만들어도 좋아요.

4 그릇에 샐러드를 약간 넣고 그 위에 카스텔라를 덮고 다시 샐러드를 올리고를 반복한다.

+ 그릇은 너무 큰 것 보다는 작은 컵, 도자기 재질의 작은 그릇을 사용하는 것이 화분 느낌이 제대로 납니다.

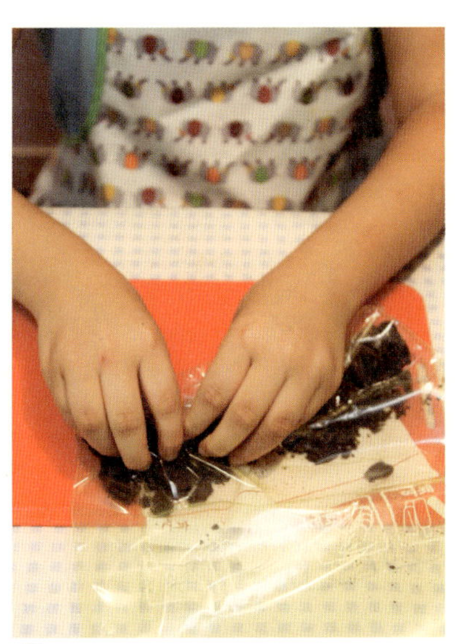

5 초코 쿠키는 가운데 크림 부분은 긁어 내고 쿠키 부분만 지퍼 백에 넣고 손으로 꾹꾹 눌러 으깬다.(너무 곱게 으깨는 것보다 작은 덩어리가 있도록 으깨야 진짜 흙 같아요.)

6 4의 샐러드 위에 5의 초코 쿠키 가루를 덮고 꽃을 꽂아 화분 모양을 완성한다.(조화를 꽂을 때 줄기 부분은 호일로 감싸 꽂아 주세요.)

명절날 단아한 요리

가래떡찜

이야기 요리

가래떡은 우리의 전통 떡으로 설이나 추석 등 명절 때 많이 뽑아 만들지요. 가래떡은 그냥 먹어도 쫄깃한 맛이 좋고, 떡볶이 등 요리에 많이 활용되기도 해요. 저는 집에 묵은 쌀이 생기면 가래떡을 뽑아 먹는답니다. 떡볶이, 떡국 등 간식을 자주 만들다 보니 냉장고에 항상 가래떡을 넉넉히 준비해 놓아요. 가래떡찜은 양념한 소고기를 볶아 가래떡 사이에 칼집을 내 넣고 밤 등과 함께 조려 먹는 음식으로 쫄깃하고 고소한 맛이 일품이에요. 두꺼운 가래떡 사이에 조심스럽게 칼집을 낸 뒤 건희는 작은 손으로 꼭꼭 눌러가면서 떡 사이에 소고기를 잘 넣더군요. 소고기를 많이 넣으면 더 맛있을 거라는 누나 말에 온 힘을 다해 넣었지요. 건희는 이 상태로 그냥 먹는 줄 알았는데 양념 국물에 밤과 당근을 넣고 함께 조려 더 맛있게 만든다고 하니 떡볶이를 끓이는 기분이라고 했어요. 워낙 가래떡을 좋아하는 아이들이라 하나씩 집어들어 먹고는 쫄깃한 떡과 고기를 함께 먹는 맛이 최고라고 했지요.

(*2~3인분)

가래떡 5cm 10개
다진 소고기 100g
당근 50g
표고버섯 1개, 밤 5개
식용유 1큰술, 물 1/4컵

소스

간장 2큰술, 설탕 1.5큰술
다진 마늘 1작은술
다진 파 1큰술
후춧가루 약간

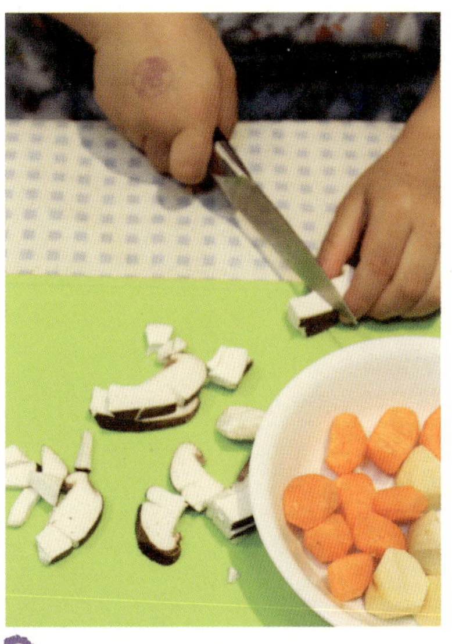

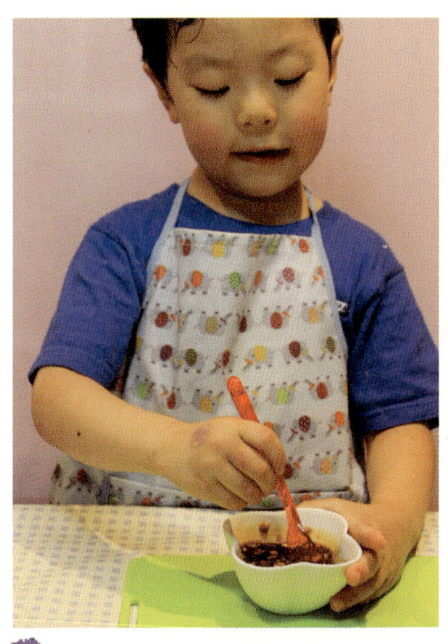

1 가래떡은 양쪽 끝 1cm 남기로 칼로 가운데 부분에 살짝 칼집을 낸다.

+ 가래떡이 딱딱하면 칼집이 잘 나지 않고 손이 다칠 수 있으니 살짝 데쳐 말랑한 상태의 떡으로 준비하고 가운데 칼집은 살짝만 내주세요.

2 표고버섯은 밑동을 잘라 곱게 다지고 밤은 껍질을 벗기고, 당근은 밤 크기로 준비한다.

3 분량의 소스 재료는 모두 섞어서 준비한다.

가래떡으로 할 수 있는 요리들에 대해 이야기 나누어 보세요.

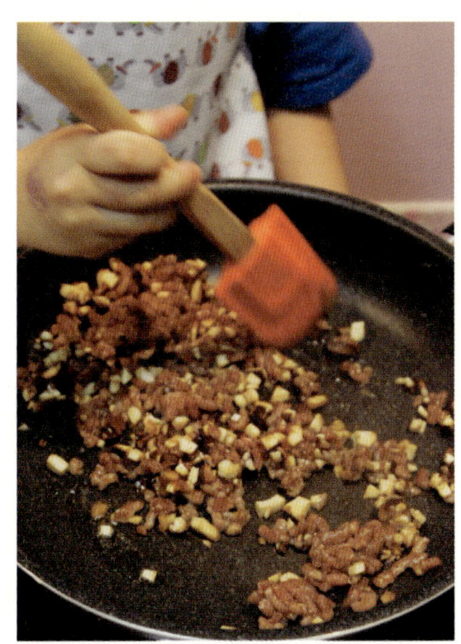

4 볼에 다진 소고기와 표고버섯을 넣고 분량의 소스를 1/2정도 넣고 잘 버무린 다음 달군 팬에 기름을 두르고 국물이 없을 정도로 바싹 볶아 한 김 식힌다.

5 1의 가래떡의 칼집을 낸 부분에 4의 볶은 소고기를 채워 넣는다.

6 냄비에 물을 붓고 당근과 밤, 남은 소스를 넣어 끓인다. 밤이 반쯤 익으면 4의 가래떡을 넣고 국물을 끼얹어 가며 소스가 베일 때 까지 끓여 완성한다.

예쁜 꽃송편

꽃송편

이야기 요리

송편은 추석 때 만드는 전통 떡이지만 요즘엔 우리 떡이 주목받으면서 많이 대중화 되어 평소에도 만들어 먹지요. 송편은 예전에는 흰쌀가루나 쑥을 이용한 녹색 쌀가루 정도만으로 색을 냈다면 요즘에는 단호박, 자색고구마, 코코아 등 여러 가지 천연 색을 내서 예쁘고 고운 색으로 만들어요. 송편 색이 예쁘니 생일 상차림이나 선물로도 인기가 좋아요. 송편은 만드는 시간이 걸리기 때문에 평소에 하지 못했던 이야기들도 나누고 학교생활, 친구관계등 엄마에게 이런저런 얘기들을 나누는 시간이 참 즐거웠답니다. 건희는 아직 어려 송편을 만든다기 보다 쌀반죽으로 주물럭 거리면서 놀았고, 연희는 이제 제법 커서 손이 야무져 예쁜 송편을 잘 만들었답니다. 속이 터져 흐르기도 하고 울퉁불퉁하기는 하지만 송편을 만든 뒤 이쑤시개를 이용해서 꽃모양 송편을 예쁘게 만들어 맛있게 먹는 즐거운 시간이였답니다.

(*20개 분량)

멥쌀가루 4컵
단호박가루 1큰술
자색고구마가루 1큰술
쑥가루 1큰술
물 16큰술
소금·참기름 약간씩

소

참깨 3큰술, 설탕 5큰술
다진 땅콩 2큰술
꿀 2큰술
소금 약간

1 멥쌀가루에 소금이 없다면 소금을 약간 넣고 4개의 그릇에 나누어 각각 단호박가루, 자색고구마가루, 쑥가루를 넣고 섞는다.

+ 천연 재료인 단호박, 자색고구마, 쑥등을 말려서 가루로 내면 고운 색을 낼 수 있어요. 먹을 수 있는 천연 색소로 사용할 수 있는 것들에 대해 이야기 나누어 보세요.

2 각 그릇에 물을 넣고 치대 반죽을 만든다. 이때 반죽은 귓 볼 느낌 정도의 반죽 질기로 한다. 만든 반죽은 마르지 않도록 젖은 면보를 덮어둔다.

+ 반죽할 때 넣는 물은 뜨거운 물을 넣어야 떡이 쫀득하고 맛있어요. 아이들이 하기에는 위험하니 꼭 엄마가 넣고 섞어주세요.

+ 쌀가루의 상태에 따라 들어가는 물의 양은 다릅니다. 보통 쌀가루 1컵에 물 3~4큰술이 들어가게 되는데 한번에 다 넣지 마시고 꼭 조금씩 넣어가면서 농도를 맞춰주세요.

3 볼에 참깨, 설탕, 다진 땅콩, 꿀, 소금을 넣고 잘 섞어 송편 소를 만든다.

송편 소에 꿀을 넣고 섞으면 설탕이 흐르지 않고 뭉쳐서 아이들이 송편을 만들기에 한결 편합니다.

4 **1**의 반죽을 한덩이 떼어 내서 동글 납작한 모양으로 만든 다음 가운데 **2**의 소를 넣고 소가 새어 나오지 않도록 잘 오므린다.

5 반죽을 동그랗게 다시 만든 뒤 이쑤시개로 5군데를 동일하게 눌러 꽃 모양을 만든다. 다른 색깔의 반죽으로 꽃잎이나 나뭇잎 모양을 꾸며 붙인다.

6 김오른 찜통에 면보나 솔잎을 깐 뒤 20분 정도 찐다. 다 익은 송편은 꺼내서 찬물에 살짝 담갔다 꺼내 참기름을 발라 완성한다.

밥으로 만드는 맛있는 떡

잡곡밥경단

이야기 요리

떡을 좋아하는 우리집 아이들이 가끔 떡을 만들어 달라고 주문합니다. 이때 준비된 떡이 없을 때 특별한 재료 없이 집에 있는 밥으로 만들 수 있는 떡이 바로 잡곡밥경단입니다. 딸아이 연희는 떡을 만든다고 해서 쌀가루로 만드는 줄 알았는데 엄마가 밥솥에서 밥을 꺼내니 좀 의아한 표정을 짓더군요. 그래서 연희에게 질문을 했지요. "떡은 무엇으로 만들까?" "쌀로요." "밥은?" "쌀!", "그럼, 밥으로 떡을 만들 수도 있지 않을까?" 질문 했더니 재료는 같겠지만 과연 잘 될 것 같지는 않다고 했지요. 그래서 정말 밥으로 떡을 만들 수 있을지 한 번 도전해보기로 했답니다. 밥을 떡으로 만들기 위해 따뜻한 밥을 지퍼백에 넣고 방망이로 두들기기도 하고 손으로 조물조물하면서 으깨주었어요. 처음에는 이상하다고 하다가 밥알이 으깨지는 것을 보더니 어느 순간 떡이 될 것 같기도 하다고 합니다. 밥이 드디어 떡이 되는 순간 연희는 처음에는 정말 될 것 같지 않았는데 밥을 두드리고 주무르다보니 떡이 되었다면서 정말 신기해했어요.

(*10개 분량)
잡곡밥 2공기
고구마 1개
해바라기씨 1큰술
대추 2개
건포도 1큰술
꿀 1큰술
카스테라가루 1컵
소금 약간

1 따뜻한 잡곡밥은 절구에 넣거나 지퍼백에 넣고 방망이로 두들겨 곱게 으깬다.

2 고구마는 삶아서 껍질을 벗긴 다음 볼에 넣고 포크로 으깬다.

3 **2**의 고구마에 씨를 빼고 잘게 썬 대추와 해바라기씨, 건포도, 꿀, 소금을 넣고 잘 섞는다.

밥을 으깨는 과정은 아이들에게 재미있는 활동일 뿐만 아니라 스트레스를 풀 수 있는 좋은 활동입니다.

4 **3**의 고구마를 동그랗게 빚어 둔다.

5 **1**의 으깬 잡곡밥을 한 덩이 떼어 가운데 부분에 **4**의 고구마 소를 하나씩 넣고 동그랗게 오므려 경단을 만든다.

6 경단을 카스텔라 가루에 굴려 완성한다.

+ 카스텔라 가루 이외에 참깨, 검은깨, 콩가루 등 다양한 재료에 굴려 만들어보세요.

떡의 주 재료는 쌀 또는 찹쌀인 것에 대해 알고 쌀을 어떻게 이용하는 지에 대해 알아봅니다.

노란 부꾸미 속에 대추가 쏙쏙

단호박대추부꾸미

이야기 요리

부꾸미는 찹쌀가루나 차수수가루를 반죽하여 둥글납작하게 빚고 소를 넣어 반달모양으로 지져낸 유전병을 말합니다. 보통 수수로 많이 해먹는데 단호박을 으깨 넣어 노란 색이 예쁜 부꾸미랍니다. 보통은 팥 소를 넣지만 집에서는 간단하게 흰 앙금과 아이들이 평소에 잘 먹지 않는 대추, 해바라기 씨앗 등을 넣어 아이들도 거부감 없이 먹을 수 있게 했어요. 찹쌀가루에 으깬 단호박을 넣어 반죽하면 금새 노란 떡반죽이 되는데 건희는 언제나 이런 과정을 신기해 하지요. 떡반죽으로 조물조물 반죽 놀이를 한 뒤 엄마의 설명에 따라 동글납작한 반죽도 아주 잘 만들었어요. 기름을 두른 팬 위에 올려 구울 때는 끊어지던 떡 반죽이 기름에서 구워지며 부풀기도 하고 쫀득한 떡으로 변하는 것을 재미있게 지켜보더군요. 구운 반죽 위에 미리 만들어 둔 소를 올리고 반을 접어야 하는데 이때 떡이 뜨거울 것 같다면서 엄마의 도움을 요청했어요. 완성된 찹쌀 부꾸미는 정말 쫄깃쫄깃 맛있었답니다.

(*10~15개 분량)

찹쌀가루 1컵
단호박 1/6통
물 2~3큰술
백앙금 50g
대추 2개
해바라기씨 1큰술
건포도 1큰술
식용유 1큰술
소금 약간

1 단호박은 김오른 찜통에 찐 다음 껍질을 벗기고 씨는 발라 낸 다음 으깨 둔다. 대추는 돌려깍기 해서 씨를 발라내고 잘게 다진다.

2 볼에 찹쌀가루와 소금을 넣고 으깬 단호박을 넣어 한번 섞은 다음 한 덩어리로 뭉쳐질 정도로 약간의 물을 넣어 반죽한다.

3 다른 볼에 백앙금과 다진 대추, 해바라기씨, 건포도를 넣고 섞은 뒤 동그랗게 빚어 둔다.

4 **2**의 찹쌀 반죽을 탁구공 만하게 떼어 내서 동글 납작하게 빚어 둔다.

5 달군 팬에 기름을 두르고 **4**의 반죽을 올려 약한 불에서 앞뒤로 노릇하게 구워낸다.

6 **5**에 **3**의 백앙금을 올리고 반을 접어 부꾸미를 완성한다.

+ 꽃모양으로 자른 대추와 해바라기씨, 호박씨 등으로 부꾸미를 예쁘게 장식해 보세요.

전병을 구울 때에는 뜨거우니
소를 넣고 접는 것은
엄마가 도와주세요.

와플 모양인데 떡?

와플찹쌀떡

이야기 요리

와플은 벌집 모양의 판에 반죽을 넣어 굽는 서양 디저트 중의 하나입니다. 우리 집 아이들도 와플을 좋아해서 가끔씩 사먹게 되는데 무엇보다 방금 막 구운 따뜻한 와플을 먹는걸 좋아하더라구요. 와플찹쌀떡은 밀가루가 아닌 찹쌀가루로 구워 겉모습은 빵이지만 실제 맛은 쫄깃쫄깃한 찹쌀떡 느낌이랍니다. 와플을 좋아하는 건희에게 밀가루 대신 떡 만드는 찹쌀가루로 만든다고 하니 이상하게 만들어질까 걱정했지만 재료를 넣고 반죽을 하는 동안 다시 밀가루 놀이에 빠져 즐거워했지요. 처음 보는 와플팬을 한참 들여다 보더니 평소에 사용하던 프라이팬과는 다른 모습에 관심을 보여 격자 모양 사이사이에 반죽이 들어가서 와플이 완성되는 것이라고 설명했더니 빨리 만들어보자고 독촉까지하더군요. 완성된 와플에 달콤한 꿀을 뿌려 먹으니 쫀득쫀득하기는 하지만 사먹는 와플이랑 똑같은 맛이라면서 맛있게 먹었답니다.

(*10개 분량)

찹쌀가루 200g
단호박 80g
달걀1개, 우유 220g
소금 1/4작은술
설탕 60g, 베이킹파우더 7g
올리브유 30g
호두, 아몬드 슬라이스 50g 정도
건포도 2큰술
메이플 시럽(또는 꿀) 2큰술

1 단호박은 찜통에 넣고 찐 뒤 껍질은 벗기고 포크로 곱게 으깬다.

2 볼에 달걀과 우유를 넣고 섞어 달걀을 잘 풀어준다.

3 2에 찹쌀가루, 소금, 설탕, 베이킹 파우더를 체에 쳐서 넣고 으깬 단호박도 넣어 가루가 보이지 않을 정도로만 섞어준다.

+ 여기서는 시판 찹쌀가루를 이용했어요. 방앗간에서 빻아온 찹쌀가루라면 수분이 많아서 우유의 양을 조절해야 합니다.

4 반죽이 잘 섞이면 다진 호두와 아몬드 슬라이스, 건포도, 올리브유를 넣고 다시 한번 섞어준다.

+ 아이들이 잘 먹지 않는 팥조림, 콩조림이나 다양한 견과류 등을 반죽에 넣어 만들면 좋아요. 다 만든 다음에는 여러가지 과일이나 아이스크림을 올려 꾸미는 과정을 함께 해도 좋아요.

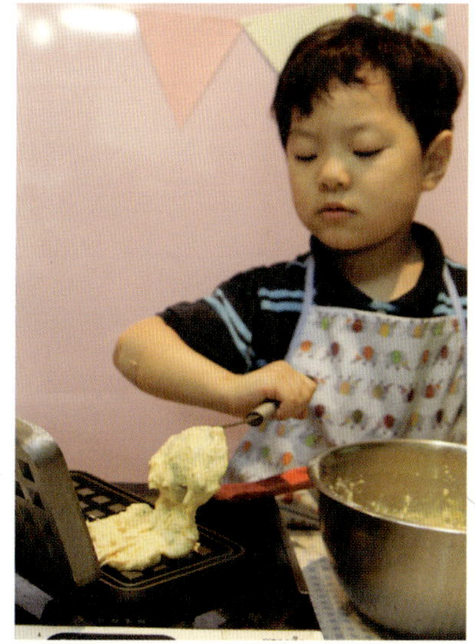

5 와플팬을 충분히 달군 다음 붓으로 기름을 꼼꼼히 칠해준다. 와플팬에 4의 반죽을 가운데 부분에 동그랗게 올린 다음 뚜껑을 덮고 약한 불에서 앞뒤로 5분 정도 구운 다음 꺼내 접시에 담고 꿀 또는 메이플 시럽을 곁들여낸다.

와플팬이 없을 때에는 프라이팬에 올려 동그란 모양으로 구워 만드세요.

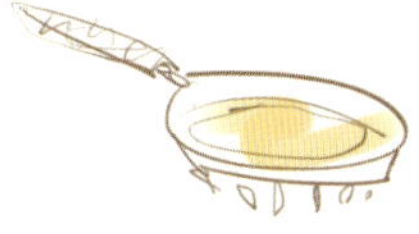

새알로 만드는 깜찍한 초코볼

새알팝꼬치

이야기 요리

새알팝꼬치는 한입에 쏙쏙 간편하게 먹을 수 있는 막대사탕처럼 생겼는데요, 겉으로는 막대사탕이나 막대 초콜릿처럼 보여 아이들의 마음을 사로잡고, 속은 우리나라의 전통 새알떡으로 만들어서 쫄깃한 맛과 영양을 모두 사로잡은 요리랍니다. 만들기 전 연희에게 새알이 무엇인지 아냐고 물어봤더니 자기가 좋아하는 호박죽에 들어 있는 동글동글한 떡이라고 잘 말하더군요. 새알을 만들어 초콜릿 코팅을 해줄거라고 했더니 무언가 특별한 요리가 될 것 같아 기대 된다며 좋아했지요. 새알심을 막대에 꽂은 뒤 중탕으로 녹인 초콜릿을 코팅시키자 정말 떡이라고는 상상할 수 없을 정도로 예쁜 모습이 되었어요. 여기에 여러 가지 재료들로 장식도 해주니 연희는 지금까지 만든 떡 중에서 제일 예쁜 떡이라고 아주 뿌듯해 했어요. 너무 예뻐서 친구들에게 선물하고 싶어져 하나씩 포장해서 선물로도 주었답니다.

(*20개 분량)
찹쌀가루 1컵
설탕 1큰술
코코아 가루 1큰술
물 5큰술 정도
소금 약간

코팅용 초콜릿 밀크
화이트·핑크 각각 50g정도씩
장식용 가루 적당량

1 볼에 찹쌀가루와 설탕, 코코아 가루, 소금을 넣고 물을 조금씩 넣어 가며 한덩어리가 될 정도로 반죽한다.

2 반죽이 잘 뭉쳐지면 막대사탕 크기로 동그랗게 빚어둔다.

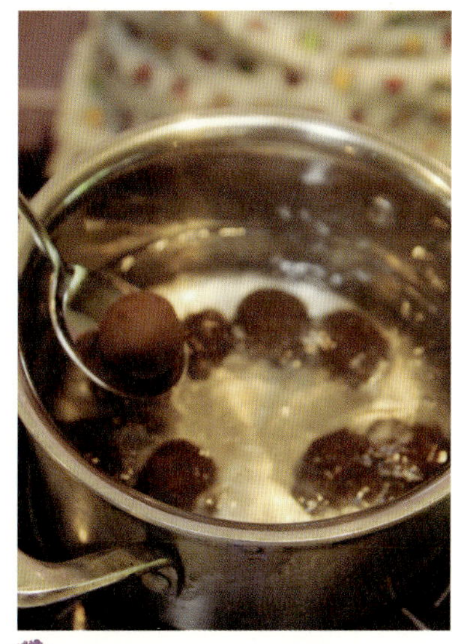

3 냄비에 물을 끓인 뒤 2의 새알을 넣고 삶는다. 반죽이 동동 떠오르면 건져내 찬물에 담갔다 꺼낸다.

초콜릿을 바른 새알꼬치는 쓰러지지 않게 잘 굳게 하려면 스티로폼 박스 등에 꽂아 두면 편합니다.

4 만들어진 새알은 꼬치에 꽂아 두고 코팅용 초콜릿은 각각 볼에 담고 중탕으로 녹인다.

+ 경단은 찹쌀가루를 반죽해서 동그랗게 빚은 다음 뜨거운 물에 삶아내는 것임을 설명해 주세요.

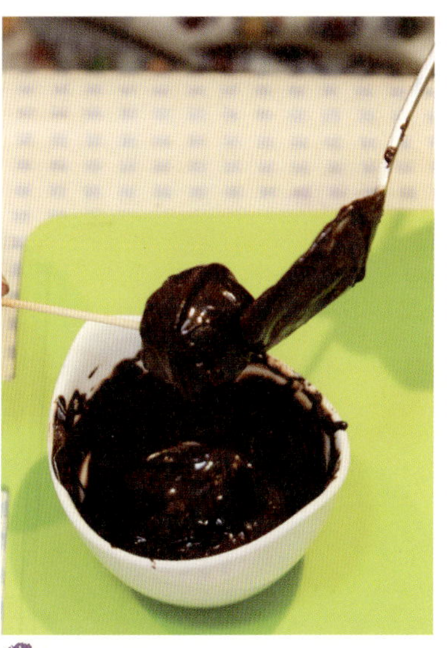

5 녹인 초콜릿에 새알을 넣고 초콜릿을 코팅한 뒤 그 위에 장식용 가루로 장식해서 굳힌다.

+ 초콜릿은 직접 불에 올려 녹이면 타버리니 꼭 뜨거운 물에 담가 중탕으로 녹여야 합니다.

찹쌀떡 안에 딸기가 숨어있어요

딸기찹쌀떡

이야기 요리

찹쌀떡은 예전부터 밤에 먹었던 간식이지요. 딸기찹쌀떡은 찹쌀떡 속에 딸기를 꼭꼭 숨겨서 더 맛있고 상큼한 떡이랍니다. 할머니, 할아버지 생신 때 깜짝 선물로 만들어 드리면 좋은 아이템이지요. 반죽을 만들 때 쉽게 하기 위해 찹쌀가루에 물을 넣고 섞은 뒤 전자레인지에 넣고 돌리는 과정에서 연희는 찹쌀이 익으면서 떡이 되는 것이 정말 신기하다고 했답니다. 그래서 불을 사용하지 않고 전자레인지를 이용해 밥도 데우고 고구마도 찌고 여러 가지 요리를 할 수 있다는 것을 알려 주었어요. 딸기에 팥 앙금을 둘러싸고 미리 만들어둔 떡 반죽으로 감싸면 동글동글한 찹쌀떡 완성되지요. 겉에서 보기에는 평범한 찹쌀떡 같지만 반으로 잘라보면 가운데 딸기가 쏙 박혀 있어 예쁘고 더 맛있지요. 아이들은 평소에는 찹쌀떡을 잘 안먹었지만 예쁜 딸기찹쌀떡은 부드럽고 달콤하다며 맛있게 먹었답니다.

(*7개 분량)

찹쌀가루 130g
물 150g
소금 1g
설탕 25g
딸기 7개
팥앙금 100g 정도
녹말가루 약간

1 볼에 찹쌀가루, 설탕, 소금을 넣고 물을 부운 뒤 잘 섞어 준다.

2 반죽이 가루가 보이지 않게 잘 섞여지면 랩을 씌운 뒤 전자레인지에서 1분 정도 돌린다. 전자레인지에서 꺼낸 반죽은 골고루 섞이도록 여러 번 저어주고 다시 랩을 씌워 1분 정도 돌리는 것을 2번 반복한다.

+ 찹쌀가루와 물을 섞어 전자레인지에 돌리면 쫀득쫀득한 찹쌀떡이 만들어집니다.

3 딸기는 꼭지를 따고 단팥 앙금은 7개로 나누어 동그랗게 만든다.

찹쌀 반죽이 전자레인지에서 꺼내면 아주 뜨거워요. 충분히 식은 다음에 떡을 만들어야 합니다.

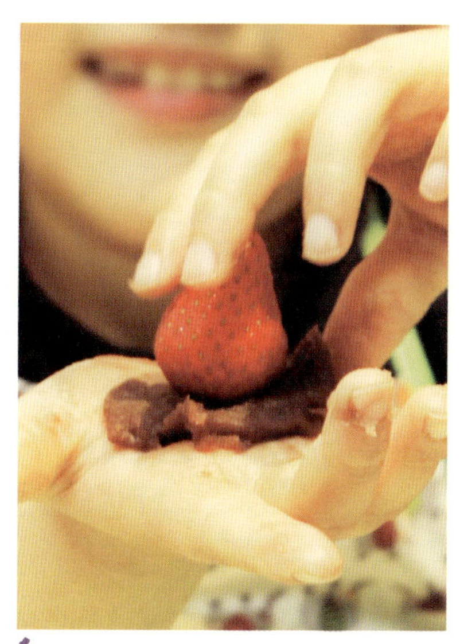

4 팥앙금을 납작하게 누른 뒤 그 위에 딸기를 올리고 팥앙금으로 감싼다.

5 찹쌀떡 반죽이 완성되면 한김 식힌 뒤 꺼내 7등분 하고 녹말가루 위에 올린다.

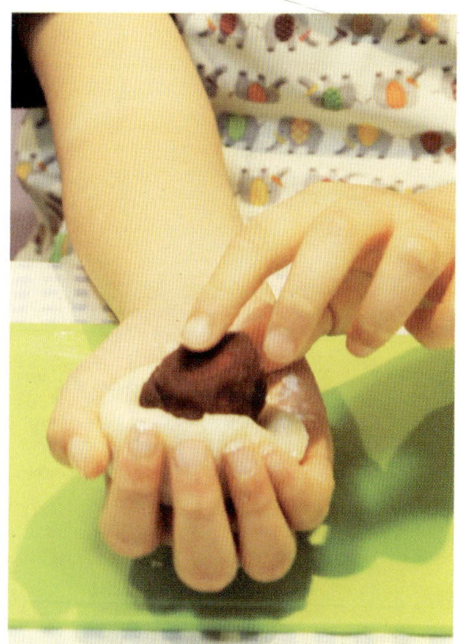

6 손에 녹말가루를 묻힌 뒤 찹쌀 반죽에 딸기를 올려 감싸 찹쌀떡을 만든다.

+ 찹쌀가루는 그냥 손으로 만지면 달라붙지만 손에 녹말가루를 묻히면 달라 붙지 않아요.

알록달록 사탕처럼 먹는 떡

롤리팝절편

이야기 요리

절편은 쌀가루를 쪄서 치댄 다음 모양을 내서 자르거나 떡도장으로 찍어 문양을 낸 떡을 말합니다. 롤리팝절편은 쌀가루를 쪄서 여러 가지 천연 색소로 알록달록한 색을 낸 다음 롤리팝처럼 돌돌 말아 막대에 꽂아 만든 것이에요. 아이들에게는 먼저 쌀가루에 소금을 넣고 물을 넣어 체에 내린 뒤 찜통에 넣고 찌면 기본적으로 떡이 완성되고, 이 쌀이 익으면 꺼내 치대서 쫀득쫀득한 식감이 살아 있는 떡이 완성된다는 것을 알려주었지요. 그냥 먹어도 맛있지만 아이들이 좋아하는 롤리팝 모양으로 만들기 위해 색깔별로 반죽을 길게 늘어뜨린 뒤 서로 꼬아 주어 롤릴팝절편을 완성했답니다. 반죽을 길고 균등하게 늘이는 것이 아이들에게는 어려웠지만 일정하지 않아도 된다고 격려해 주었더니 자신감을 가지고 만들었어요. 떡을 꼬아줄 때 서로 달라붙어 조금 어려워하기는 했지만 어느 새 롤리팝 모양이 된 것을 보고 무척 뿌듯해했지요. 절편을 좋아하지 않는 건희는 맛있다면서 세 개나 먹었답니다.

(*10개 분량)
멥쌀가루 2컵
소금 약간
물 2.5큰술
딸기가루 1작은술
녹차가루 1작은술
단호박가루 1작은술
꿀 3큰술

1 체에 내린 멥쌀가루에 약간의 소금과 물을 넣고 섞은 뒤 보슬보슬 한 상태가 되도록 만든다.

2 김 오른 찜통에 시루 밑을 깔고 **1**의 쌀가루를 올리고 10분 정도 쪄낸다.

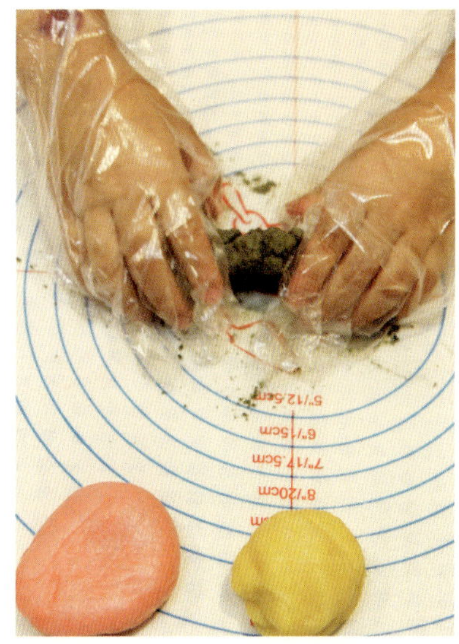

3 쌀가루가 다 쪄지면 꺼내서 4등분 한 뒤 각각의 천연색소를 넣고 색이 잘 섞이도록 치댄다.(너무 뜨거우니 꼭 장갑을 끼고 식을 때까지는 엄마가 섞어주세요.)

+ 천연색소를 쌀반죽에 넣고 섞으면 색의 변화가 생기는 것에 대해 알아보고 천연색소는 어떤 것으로 만들었는지에 대해 알아봅니다.

절편이 어떤 떡인지에 대해 알고 어떻게 만드는지에 대해 배운다.

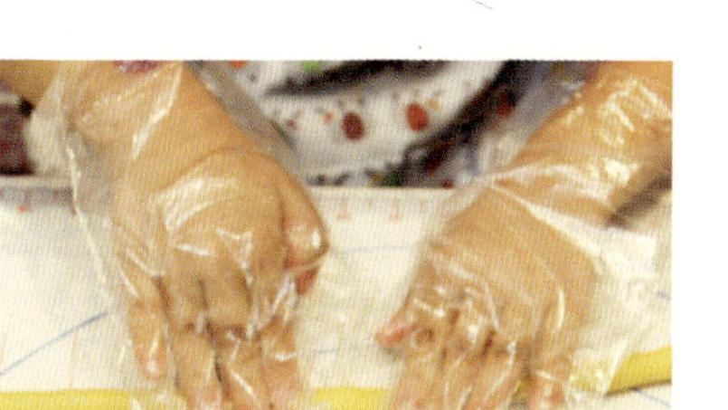

4 반죽이 한 덩어리가 되고 쫄깃하게 되면 각각의 색별로 길쭉하게 늘려준다.

+ 반죽이 손에 달라 붙으려고 할 때는 손에 기름을 살짝 바르고 하면 잘 달라붙지 않아요.

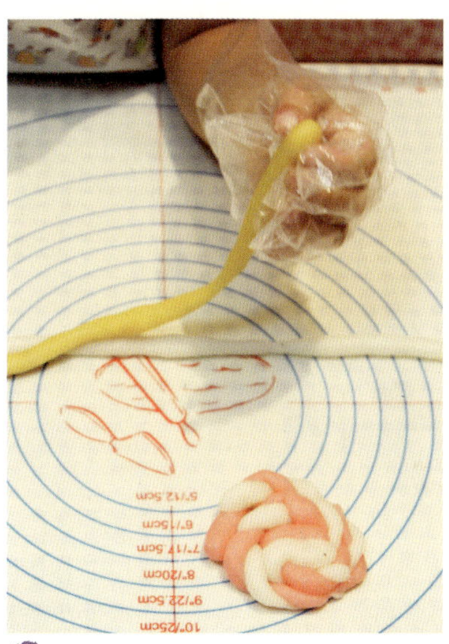

5 원하는 색의 반죽을 함께 소용돌이 모양이 되도록 동그랗게 말아준 다음 나무막대에 꽂는다.

6 떡 겉면에 붓으로 꿀을 골고루 발라 완성한다.

떡으로 만드는 건강 샌드위치

백설기샌드위치

이야기 요리

아침에는 아이들에게 밥을 꼭 먹여서 보내는데 가끔씩 아이들이 입맛이 없을 때는 빵이나 샌드위치를 먹고 싶어 해요. 안 먹는 것 보다 조금이라도 먹이려 하지만 밀가루는 소화도 잘 안되고 해서 엄마 마음이 조금 안쓰러운 것은 사실이에요. 이럴 때 좋은 샌드위치가 바로 백설기샌드위치랍니다. 우리 쌀로 만든 백설기를 이용해서 쫄깃한 떡 사이에 싱싱한 재료들을 함께 먹으면 밥을 먹은 것처럼 든든하고 간단히 먹을 수 있어 바쁜 아침 온 가족 식사로 좋답니다. 미리 넉넉하게 백설기를 만들어 냉동시켜 두었다가 먹을 때 마다 꺼내면 훨씬 편해요. 백설기는 흰 쌀가루로 찐 떡인데 좀더 새콤달콤한 맛을 내기 위해 건조 크랜베리를 넣었어요. 떡을 반으로 잘라 그 사이에 재료를 넣어 샌드위치를 완성하면 되지요. 처음에 연희는 빵 대신 떡으로 샌드위치를 만드는 게 이상하기도 하고 별로 맛이 없을 것 같다고 했지만 만들면서 보니 모습도 제법 샌드위치의 모양이고 먹어 보니 빵으로 만든 샌드위치보다 쫄깃한 맛이 나 더 맛있다고 했지요.

(*4개 분량)

백설기

멥쌀가루 3컵
설탕 3큰술, 물 4큰술
건크랜베리 2큰술
소금·설탕 약간씩

샌드위치 속

단호박 1/4통
피망·파프리카 1/4개
다진호두 2큰술
플레인 요구르트 4큰술
꿀 1큰술, 소금 약간
어린잎 채소 약간

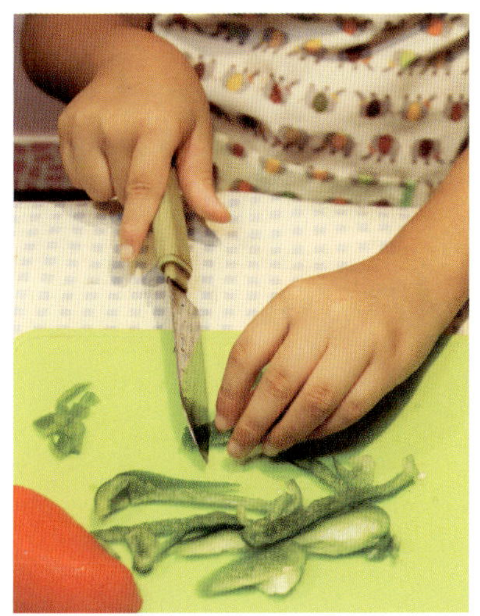

1 단호박은 삶아서 껍질을 벗기고 으깨 둔다. 피망, 파프리카는 잘게 다지고 호두도 잘게 다진다. 어린잎 채소는 씻어서 물기를 뺀다.

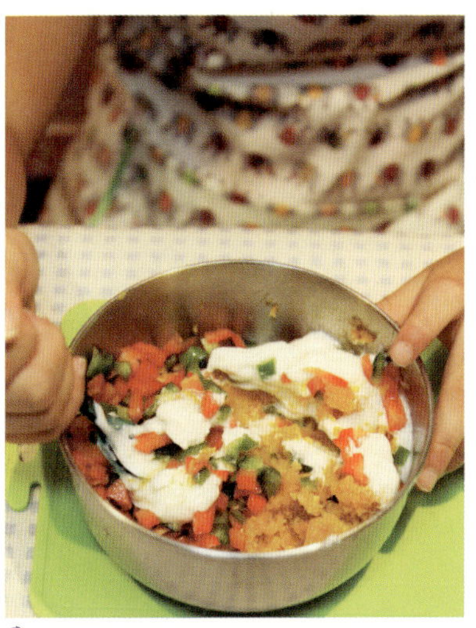

2 볼에 으깬 단호박과 피망, 파프리카, 호두를 넣고 플레인 요구르트와 소금, 꿀을 넣고 잘 섞어 둔다.

3 미리 체에 내린 멥쌀가루에 소금과 물을 넣고 잘 섞어 체에 다시 한번 내린 다음 설탕과 건크랜베리를 넣고 섞는다.

4 김오른 찜통에 시루 밑을 깔고 네모난 틀을 올린 다음 **3**의 쌀가루를 채워 넣고 윗부분을 평평하게 만든 뒤 뚜껑을 덮어 20~25분 정도 찐 다음 불을 끄고 5분 정도 뜸을 들인다.

5 **4**의 백설기가 다 되면 꺼내 식힌 다음 2조각으로 나누어 자른다.

+ 떡이 말랑말랑할 때 랩으로 감싸서 냉동시킨 다음 먹을 때 꺼내 자연 해동하면 말랑말랑한 떡을 먹을 수 있어요.

6 백설기 위에 어린잎 채소를 올린 뒤 미리 만들어 둔 단호박 샐러드를 올린 다음 다시 백설기를 덮어 샌드위치를 완성한다.

+ 여러 가지 다양한 샌드위치 재료를 넣어 만들어도 좋아요.

백설기는 흰 쌀가루를 시루에 쪄서 만든 맑고 깨끗한 떡으로 어린이의 삼칠일, 백일, 돌 등 중요한 행사에 만들어 먹는 떡입니다.

c o o

t i

베스트
인기 도시락

삼색샌드위치도시락
채소치킨롤도시락
삼색주먹밥도시락
닭고기소보로도시락
볶음밥도시락
브런치도시락

삼색샌드위치 도시락

〈삼색 샌드위치 p.188 참조〉

키위 떡 샐러드
모양 가래떡 50g
(일반 가래떡도 좋음)
그린키위 1개
골드키위 1개
떠먹는 요구르트 50g
마요네즈 1/2큰술
꿀 1큰술

1 가래떡은 끓는 물에 넣고 말랑말랑해질 때 까지 살짝 데쳐 준비한다.

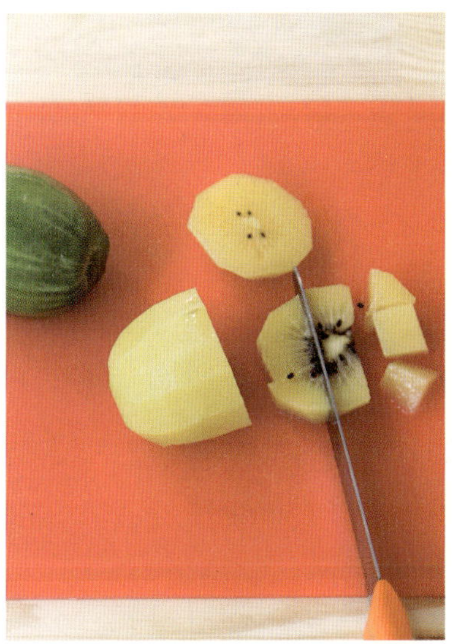

2 그린키위와 골드키위는 껍질을 벗기고 깍둑썰기 한다.

3 볼에 요구르트, 마요네즈, 꿀을 넣고 섞는다.

4 섞은 소스에 가래떡과 키위를 넣고 잘 섞는다.

채소치킨롤도시락

〈채소치킨롤 p.84 참조〉

소시지 채소 볶음
오이 1/3개
당근 1/4개
비엔나 소시지 6개
소금·후춧가루 약간씩

1 오이는 필러로 껍질을 3~4줄 정도만 벗긴 다음 동그란 모양을 살려 썰고 당근은 반달 모양으로 썬다. 비엔나 소시지는 어슷 썬다.

2 달군 팬에 기름을 살짝 두르고 당근과 소시지를 넣어 볶는다.

3 당근이 부드럽게 익으면 오이를 넣고 센 불에서 살짝 볶은 다음 소금과 후춧가루를 약간 넣어 간한 뒤 접시에 담아 식힌다.

4 도시락 그릇에 밥을 반 정도 담은 뒤 비빔가루를 뿌리고 반대쪽에는 채소치킨롤과 소시지 채소 볶음을 담는다.

삼색주먹밥도시락

〈삼색주먹초밥 p.72 참조〉

단호박 호두구이와 모듬 과일

단호박 60g
호두 20g
물엿 1큰술
검은깨 약간
몇가지 과일 약간씩

1 단호박은 껍질째 깨끗하게 씻어서 씨는 빼내고 사방 1cm 크기 정도로 네모난 모양을 살려 썬다. 호두도 4등분 한다.

2 달군 팬에 기름을 살짝 두르고 손질한 단호박을 올려 약한 불에서 완전히 익도록 충분히 굽는다.

3 단호박이 다 익으면 호두와 물엿을 넣고 센불에서 윤기나게 조린 다음 검은깨를 뿌려 완성한다.

4 과일은 여러 가지 종류로 준비해 먹기 좋은 크기로 잘라 둔다.

닭고기소보로도시락

닭고기소보로 재료
닭가슴살 1쪽
(간장 1큰술, 매실청 1/2 큰술, 설탕 1작은술, 후춧가루 약간, 맛술 1큰술)
달걀 1개
소금·식용유 약간씩

연근버섯조림 재료
연근 150g
백만송이버섯 30g
식초 1~2방울
간장 2큰술
맛술 2큰술
설탕 1/2큰술
물엿 1.5큰술

1 닭가슴살은 잘게 다지듯 썰어서 분량의 양념장을 넣고 버무려 잠시 재워둔다.

2 달군 팬에 기름을 살짝 두른 다음 소금을 넣고 풀어 놓은 달걀을 넣은 뒤 젓가락으로 휘저어 스크램블을 만들어 따로 둔다.

3 달군 팬에 기름을 두르고 **1**의 닭고기를 넣고 국물이 없을 정도로 바싹 볶아 따로 둔다.

4 연근은 껍질을 벗기고 동그란 모양을 살려 얇게 썬 다음 식초를 떨어뜨린 물에 잠시 담갔다 헹군다. 냄비에 물을 2컵 정도 붓고 연근을 넣어 삶는다. 연근이 부드럽게 익을 정도로 20분 정도 삶은 뒤 간장, 맛술, 설탕을 넣고 약한 불에서 20분 정도 더 조린다.

5 연근이 부드럽게 익으면 백만송이 버섯을 가닥 가닥 떼어 넣고 물엿을 넣은 뒤 센불에서 윤기나게 조려 완성한다.

볶음밥도시락

밥 1공기
비엔나 소시지 5개
양파·당근·애호박 각 20g 씩
브로콜리·백만송이 버섯 약간씩
새우 4마리
베이컨 4쪽
케첩 2큰술
소금·후춧가루 약간씩

1 비엔나 소시지는 동그란 모양을 살려 썰고 양파, 당근, 애호박은 잘게 다진다. 브로콜리는 끓는 물에 살짝 데쳐 한입 크기로 자르고 백만송이 버섯은 가닥가닥 떼어 놓는다.

2 새우는 머리와 껍질을 제거하고 등쪽의 내장을 이쑤시개로 찔러 제거한 뒤 베이컨으로 돌돌 감아 준비한다.

3 달군 팬에 기름을 두르고 한쪽면에는 버섯과 브로콜리에 소금과 후추를 뿌려 살짝 볶아내고 베이컨으로 감은 새우는 앞뒤로 노릇하게 구워낸다.

4 달군 팬에 기름을 두르고 잘게 썬 채소와 소시지를 넣어 볶는다.

5 채소가 익으면 밥을 넣고 다시 한 번 볶은 다음 케첩을 넣고 소금, 후춧가루로 간 해 볶음밥을 완성한다.

브런치도시락

식빵 2쪽
달걀 2개
우유 1/4컵
설탕 2작은술
베이컨 2쪽
비엔나 소시지 5개
당근·브로콜리 약간씩
소금·후춧가루 약간씩
떠먹는 요구르트 100g
과일믹스(그린, 골드 키위, 라즈베리, 블루베리 등) 약간씩

1 식빵은 모양깍지로 찍어 낸다. 볼에 달걀과 우유, 설탕, 소금, 후춧가루를 넣어 잘 섞은 다음 모양을 낸 식빵을 넣고 듬뿍 적셔낸다.

2 달군 팬에 기름을 두르고 **1**의 식빵을 넣어 앞뒤로 노릇하게 구워낸다.

3 식빵을 적시고 남은 달걀물을 팬에 올리고 젓가락으로 휘저어 에그스크램블을 만든다.

4 비엔나 소시지는 칼집을 낸 뒤 끓는 물에 살짝 데친 다음 꺼내 베이컨으로 돌돌 만다. 브로콜리는 데쳐서 한입 크기로 준비하고 당근은 얇게 썰어 모양깍지로 찍어 준비한다.

5 달군 팬에 기름을 두르고 브로콜리와 당근을 소금, 후춧가루로 간 해서 가볍게 볶고 베이컨에 감은 소시지는 노릇하게 구워낸다.

6 과일은 작게 자른 뒤 요구르트 위에 얹어 낸다. 도시락에 담을 때는 새지 않는 빈 병이나 통에 담는다.